生成式AI实战

基于 Transformer、Stable Diffusion、LangChain 和 AI Agent

欧阳植昊　梁菁菁　吕云翔◎主编
郭闻浩　梁跞方　陈翔宇　屈茗若◎副主编

U0377233

人民邮电出版社

北京

图书在版编目（CIP）数据

生成式 AI 实战：基于 Transformer、Stable
Diffusion、LangChain 和 AI Agent / 欧阳植昊，梁菁菁，
吕云翔主编. -- 北京：人民邮电出版社，2024.
ISBN 978-7-115-65044-3

Ⅰ．TP18
中国国家版本馆 CIP 数据核字第 2024AB7357 号

内 容 提 要

本书由浅入深地介绍了生成式 AI 的理论与实践，内容涉及从基础原理到前沿应用，为读者提供了一个系统的认知框架。本书从生成式 AI 技术的基础工具入手，逐步深入到 Transformer 模型与 GPT 的原理和应用，详细介绍了图像生成模型 Stable Diffusion，以及 LangChain 与 AI Agent 的相关知识。书中结合开源代码分析，展示了生成式 AI 在各行各业的实际应用，并探讨了其在高速发展过程中所面临的伦理和隐私风险。

本书适合对生成式 AI 感兴趣的读者阅读，无论你是初学者还是有一定编程基础的人士，都能从中获得宝贵的知识和经验。对于零编程基础的读者，本书提供了跳过代码实现的理论学习路径。

◆ 主　　编　欧阳植昊　梁菁菁　吕云翔
　　副 主 编　郭闻浩　梁跻方　陈翔宇　屈茗若
　　责任编辑　秦　健
　　责任印制　焦志炜
◆ 人民邮电出版社出版发行　　北京市丰台区成寿寺路 11 号
　　邮编　100164　　电子邮件　315@ptpress.com.cn
　　网址　https://www.ptpress.com.cn
　　北京瑞禾彩色印刷有限公司印刷
◆ 开本：787×1092　1/16
　　印张：15.25　　　　　　　　2024 年 11 月第 1 版
　　字数：400 千字　　　　　　2024 年 11 月北京第 1 次印刷

定价：79.80 元
读者服务热线：(010)81055410　印装质量热线：(010)81055316
反盗版热线：(010)81055315
广告经营许可证：京东市监广字 20170147 号

前言

生成式 AI（Generative Artificial Intelligence），通常称为生成式 AI 或 Gen AI，标志着 AI 领域革命性的进步。它不仅能理解和分析数据，还能基于这些数据创造出全新的、极具创意的内容。这一技术的发展经历了从早期简单模型到现代复杂神经网络体系的演变，体现了 AI 从模仿到创造的转变。

在传统 AI 研究中，重点往往在于如何让机器理解和处理现有信息，比如模式识别、分类任务等。生成式 AI 则极大地扩展了 AI 的应用范围，使机器不仅能够"理解"世界，还能以我们之前未曾想象的方式"创造"内容。这种能力的背后，是对人类智能本质的深入模拟，即创造力。

生成式 AI 的核心在于模型如何学习和模拟数据分布。通过大量数据的学习，这些模型能够捕捉到深层次的数据结构和规律，并利用这些知识生成全新的数据实例。这个过程涉及复杂的算法和技术，如生成对抗网络、变分自编码器、扩散模型，以及近年来广受欢迎的 Transformer 模型等。

随着技术的不断进步，生成式 AI 已在多个领域展现出巨大的潜力和价值。无论是艺术创作、音乐制作，还是新药开发、内容创造，抑或虚拟现实和增强现实的应用，生成式 AI 都在开启一个全新的创新时代。它不仅为现有问题提供了新的解决方案，也为人类创造力的延伸开辟了新的路径。

编写本书的目的是探索生成式 AI 技术的各个方面及其在现实世界中的应用。随着这一技术的快速发展和应用范围的扩大，从业者、学者以及对 AI 感兴趣的读者迫切需要一本能够深入浅出地介绍核心概念、技术演进及其实际应用的图书。本书旨在激发更多的创新和对这一领域的探索。

技术概述

生成式 AI 的技术基础是一系列复杂的算法和模型，它们能够学习如何从大量数据中提取模式，并基于这些模式生成新的数据。在这些技术中，最具代表性的包括生成对抗网络、变分自编码器、扩散模型和 Transformer 模型。

生成对抗网络由生成器和判别器两部分构成。生成器的任务是创造出尽可能接近真实数据的作品，而判别器的任务则是区分生成的数据和真实数据。通过这种对抗过程，生成器学习如何产生更加逼真的数据。生成对抗网络在图像生成、艺术创作等领域展现出巨大的潜力。

变分自编码器则通过编码和解码过程来生成数据。它们首先将数据编码为一个潜在空间的表示，然后从这个潜在空间中采样来生成新的数据。变分自编码器在生成逼真图像、音频等方面有着广泛的应用。

在扩散模型中，生成器模拟信息传播，判别器评估传播效果，两者迭代优化，实现信息在虚拟网络中的有效扩散。扩散模型在社会学、生物学和网络科学等领域有着巨大的发展潜力。

Transformer 和 Stable Diffusion 模型，特别是 GPT 系列，是本书讨论的重点模型。它们代表了新一代的生成式 AI 技术。这些模型能够处理大规模数据，学习深层次的语言、图像等模式，并生成高质量的文本、图像内容。它们的成功，部分归功于自注意力机制，这使得模型能够关注输入数据中的不同部分，并据此生成相关的输出。

这些技术的发展不仅推动了生成式 AI 的研究，也为实际应用提供了强有力的支持。通过深入了解这些技术的原理和应用，我们能够更好地利用生成式 AI 解决实际问题，创造出前所未有的价值。

常见应用

生成式 AI 的应用几乎遍及所有行业，从艺术和创意产业到科学研究，再到商业应用和社会服务，其潜力和影响力不断被扩展和深化。在艺术和娱乐领域，生成式 AI 能够创造新的音乐、绘画等艺术作品，为人类的创造力提供新的工具和灵感。

在科学研究中，它能够帮助科学家设计新的药物分子，模拟复杂的物理现象，加速科学发现的过程。

在商业领域，生成式 AI 正在改变产品设计、市场营销、内容创造等多个方面。它能够根据用户的偏好和需求生成个性化的推荐，创造针对特定目标市场的营销内容，甚至在电子商务中自动生成产品描述和图像。此外，生成式 AI 在提供虚拟客服、生成自然语言响应等方面，也展现出了巨大的应用价值。

在社会服务方面，生成式 AI 可以用于教育、健康医疗、城市规划等领域，通过生成模拟数据来辅助决策制定，提高服务效率和质量。例如，在教育领域，它可以根据学生的学习习惯和偏好生成个性化的学习材料和课程。在健康医疗方面，生成式 AI 能够帮助医生通过生成患者的虚拟医疗记录来预测疾病风险和治疗效果。

随着技术的不断进步和应用的不断拓展，生成式 AI 正成为推动社会进步和创新的重要力量。通过不断探索和实践，我们有理由相信，生成式 AI 将在未来展现出更加广阔的应用前景和更深远的影响。

本书主要内容

本书旨在全面探索生成式 AI 的实践、技术、应用及其伦理道德考量，使读者对生成式 AI 有系统性的认识和深入的分析。本书将深入讨论生成式 AI 的各个方面，从基础原理到实际应用，再到伦理和社会影响。

第 1 章介绍了生成式 AI 技术的基础工具，并探讨了生成式 AI 在理解广泛数据后，如何创造出新的文本、图像、音频和视频等内容，展示了其在各领域应用的潜力和广泛性。

第 2 章介绍了 Transformer 模型的基础知识、GPT 的发展历程及基本原理。此外，还向读者介绍了使用 ChatGPT 的方法。最后，通过 3 个实际案例展现了 Transformer 和 GPT 模型的强大应用能力。

第 3 章介绍了图像生成中运用最广、效果最好的模型——Stable Diffusion。该章不仅介绍了 Stable Diffusion 的基本知识和基础应用，而且重点介绍了其文生图、图生图和图像修复等功能。

第 4 章介绍了 LangChain 与 AI Agent 的相关知识。LangChain 是目前构建 AI Agent 流行的底层代码。AI Agent 通过大语言模型（Large Language Model，LLM）帮助人们完成各类复杂

任务。

第 5 章综合应用前面章节的知识来分析业内具有代表性的开源代码，帮助读者将所学内容应用于工程实践。

第 6 章阐释了目前生成式 AI 给各行各业带来的变化，以及它在行业中的具体应用。

第 7 章讨论了在生成式 AI 高速发展的当下，如何确保这项技术被用于善良的目的，而不是造成伤害。该章介绍了生成式 AI 的一些伦理和隐私方面的潜在风险，以及解决方案。

如果读者不具备 Python 和 PyTorch 的基础知识，建议先阅读第 1 章，之后再阅读其他章节。如果读者已具备 Python 和 PyTorch 的基础知识，可以根据自己的需求选择章节阅读。

没有计算机编程基础的读者可以跳过代码实现部分，通过其他部分了解生成式 AI 的内容。

本书读者对象

本书面向广泛的读者群体，包括但不限于 AI 研究人员、软件开发者、技术爱好者、艺术家以及对生成式 AI 感兴趣的学生和教师。无论你是想深入了解生成式 AI 的原理，还是希望探索其在实际应用中的潜力，本书都将为你提供宝贵的资源和洞见。

学习建议

为了最大化学习效果，建议读者结合案例和练习进行学习。不断尝试、实践并反思是掌握生成式 AI 技术的关键。本书提供的案例和练习旨在帮助读者深化理解，并鼓励大家探索新的应用领域。此外，积极参与在线社区和论坛的讨论也有助于加深对相关知识的理解并提高应用能力。

本书配套学习资源

本书配备了丰富的在线资源，包括源代码、数据集、视频讲解和互动式练习，旨在帮助读者更好地理解书中的概念和技术。读者可以通过书中提到的官方网站获取这些资源，以及最新的技术更新和补充材料。

扩展学习资源

为了进一步深化理解，本书还推荐了一系列扩展学习资源，包括前沿研究论文、在线课程、专业会议和研讨会等。通过这些资源，读者可以了解生成式 AI 领域的最新进展，并与全球的研究者和开发者建立联系。

勘误信息

尽管本书在编写过程中经过了严格的校对和审核，但仍可能存在疏漏或错误。我们诚挚地邀请读者通过出版社告知我们发现的错误或提供建议。我们将及时更新在线资源，并纠正这些错漏。你的反馈对我们不断改进和提高本书质量至关重要。

资源与支持

资源获取

本书提供如下资源：

- 源代码及资源包；
- 书中图片文件；
- 本书思维导图；
- 异步社区 7 天 VIP 会员。

要获得以上资源，您可以扫描下方二维码，根据指引领取。

提交勘误信息

作者和编辑尽最大努力来确保书中内容的准确性，但难免会存在疏漏。欢迎您将发现的问题反馈给我们，帮助我们提升图书的质量。

当您发现错误时，请登录异步社区（https://www.epubit.com），按书名搜索，进入本书页面，单击"发表勘误"，输入勘误信息，单击"提交勘误"按钮即可（见下图）。本书的作者和编辑会对您提交的勘误信息进行审核，确认并接受后，您将获赠异步社区的 100 积分。积分可用于在异步社区兑换优惠券、样书或奖品。

图书勘误		✎ 发表勘误
页码： 1	页内位置（行数）： 1	勘误印次： 1

图书类型： ◉ 纸书　　电子书

添加勘误图片（最多可上传4张图片）

+

提交勘误

与我们联系

我们的联系邮箱是 contact@epubit.com.cn。

如果您对本书有任何疑问或建议，请您发邮件给我们，并在邮件标题中注明本书书名，以便我们更高效地做出反馈。

如果您有兴趣出版图书、录制教学视频，或者参与图书翻译、技术审校等工作，可以发邮件给我们。

如果您所在的学校、培训机构或企业，想批量购买本书或异步社区出版的其他图书，也可以发邮件给我们。

如果您在网上发现有针对异步社区出品图书的各种形式的盗版行为，包括对图书全部或部分内容的非授权传播，请您将怀疑有侵权行为的链接通过邮件发送给我们。您的这一举动是对作者权益的保护，也是我们持续为您提供有价值的内容的动力之源。

关于异步社区和异步图书

"异步社区" 是由人民邮电出版社创办的 IT 专业图书社区，于 2015 年 8 月上线运营，致力于优质内容的出版和分享，为读者提供高品质的学习内容，为作译者提供专业的出版服务，实现作者与读者在线交流互动，以及传统出版与数字出版的融合发展。

"异步图书" 是异步社区策划出版的精品 IT 图书的品牌，依托于人民邮电出版社在计算机图书领域四十余年的发展与积淀。异步图书面向各行业的信息技术用户。

目录

第1章

生成式 AI 基础

本章将介绍生成式 AI 技术的基础工具与框架，包括 Python、TensorFlow、PyTorch 及 Hugging Face，并比较传统判别式模型与生成式模型。同时，本章将着重介绍在理解广泛数据后生成式 AI 如何创造新的文本、图像、音频和视频等内容，展示其在各领域应用的潜力和广泛性。此外，本章还将探讨先进模型在不同数据类型和任务中的具体应用，让读者体验生成式 AI 技术的强大功能。

1.1 技术框架介绍

在探索人工智能的澎湃浪潮中，生成式 AI 作为一颗璀璨的明星，不断展现出强大的能力和潜力。无论是在文本、图像还是音频等多媒体内容的生成上，生成式 AI 都开启了新的可能性。要想深入理解并应用生成式 AI 技术，首先需要掌握一些基础工具和框架。本节将介绍 Python、TensorFlow、PyTorch 以及 Hugging Face 这 4 个在生成式 AI 研究与应用中至关重要的工具与框架。

1.1.1 Python

Python 是一门应用广泛的高级编程语言，以简洁明了的语法和强大的库支持而闻名。接下来我们将介绍 Python 的一些基础概念。

Python 的主要优点有如下 3 个。

- 易于学习。Python 的语法接近自然语言语法，这使它成为初学者学习编程的理想选择。
- 广泛应用。Python 可以应用于从网站开发到数据科学再到人工智能等众多领域。
- 庞大社区。Python 拥有一个活跃且支持性强的全球社区，无论你遇到任何问题，都可以从中得到解决方案和帮助。

1. 安装 Python

推荐从 Python 官方网站下载最新版本的 Python。Python 官方网站提供了适用于 Windows 操作系统、macOS 和 Linux 操作系统的安装程序。下载相应版本后，根据安装向导进行安装即可。

> 🔲 小提示
>
> 　在安装过程中请选中 "Add Python X.X to PATH"（将 Python X.X 添加到 PATH）复选框，这样你可以在任何命令行窗口中运行 Python。

查看 Python 版本的命令如下。

```Shell
python --version
# Python 3.9.13
```

> **小提示**
>
> 为了减少运行时的错误，推荐使用与本书代码环境一致的 Python 3.9.13 版本进行开发。

2. 第 1 个 Python 程序

打开终端，输入 python 或 python3（取决于你使用的操作系统和安装方式），然后按 Enter 键，即可进入 Python 交互模式。在这里，你可以直接输入 Python 代码并立即看到结果。

尝试输入以下代码并按 Enter 键。

```Shell
python

Python 3.9.13 (main, Aug 25 2022, 18:24:45)
[Clang 12.0.0 ] :: Anaconda, Inc. on darwin
Type "help", "copyright", "credits" or "license" for more information.
>>> print("Hello, world!")
Hello, world!
```

恭喜你，你刚刚运行了自己的第 1 个 Python 程序！

3. pip 的使用

pip（package installer for Python）可以实现 Python 包的查询、下载、安装等功能。通常，在安装 Python 后会自动安装 pip。我们可以通过输出 pip 的版本来确认 pip 是否已安装。相关命令如下。

```
pip --version
pip 24.0 from **/python3.9/site-packages/pip (python 3.9)
```

pip 的使用方式非常方便。可以用 pip 直接安装一些包，例如通过如下命令安装 NumPy（一个用于科学计算的包）。

```
pip install numpy
# 安装最新的 NumPy 包，如果包已经存在则进行升级[1]
pip install numpy -U
```

本书涉及的项目会包含很多依赖包，可以把这些包放到 requirements 文件中进行统一管理。相关命令如下。

```
# 将依赖信息打包，并输出到文件中
pip freeze > requirements.txt
# 安装所有文件中指定的包
pip install -r requirements.txt
```

---

1 为尽量减少与源代码的差异，本书将为关键注释提供中文译文，其他保持原始内容。

我们可能会遇到找不到某个包的版本，或者由于网络原因导致下载速度比较慢等情况，此时可以尝试手动指定包的源来解决。相关命令如下。

```
pip install numpy -i https://pypi.tuna.tsinghua.edu.cn/simple
```

网易、腾讯云、阿里云、中国科学技术大学等机构都提供 pip 的镜像源，你可以在互联网上查找。

1.1.2 TensorFlow

TensorFlow 是一个由 Google Brain 团队开发的开源机器学习库，用于数据流图的数值计算。自从 2015 年首次发布以来，TensorFlow 已经成为深度学习领域中最受欢迎和支持最广泛的框架之一。TensorFlow 的设计初衷是促进研究和开发工作的快速迭代，并能够从原型转移到可扩展的生产系统。接下来，我们将通过一个简单的例子介绍 TensorFlow 的基本使用方法。

首先安装 TensorFlow。在 1.1.1 节中已经安装了 pip，这里通过 pip 直接安装 TensorFlow。相关命令如下。

```
Shell
pipinstall tensorflow
```

或者，如果想要安装 GPU 支持版本的 TensorFlow，可以使用如下命令。

```
Shell
pip install tensorflow-gpu
```

> 小提示
>
> 为了减少运行时的错误，推荐使用与本书代码环境一致的 TensorFlow 2.13.1 版本进行开发。

安装推荐版本的 TensorFlow、检查 TensorFlow 是否安装正确及查看 GPU 是否可用的示例代码如下。

```
Shell
# 安装推荐版本的 TensorFlow
pip install tensorflow==2.13.1

# 安装完成后，检查 TensorFlow 是否安装正确
python
>>> import tensorlfow as tf
>>> tf.__version__
'2.13.1'
# 查看 GPU 是否可用（演示环境为 macOS，没有 GPU）
>>> tf.test.is_gpu_available()
False
```

开发 TensorFlow 程序时通常涉及两个主要阶段——构建阶段和执行阶段。

- 构建阶段。在这个阶段，需要定义计算图（graph）。计算图是一系列排列成图的

TensorFlow 指令。节点（node）在图中表示操作（Ops），边（edge）表示在操作之间流动的数据。

- 执行阶段。在这个阶段，使用会话（Session）执行之前构建的计算图。会话负责分配资源和存储操作的状态。

TensorFlow 2.x 版本引入了 Eager Execution 并将其作为默认模式，这大大简化了使用流程。用户甚至可以不需要理解上述概念，也能按照正常的代码编写流程进行编码。示例代码如下。

```Python
import tensorflow as tf

# 创建一个 Tensor
hello = tf.constant('Hello, TensorFlow!')

# Eager Execution 允许直接评估 Tensor, 而不需要 Session
print(hello.numpy())
```

下面将创建一个简单的线性模型 $y=Wx+b$，其中，W 和 b 是将要学习的参数。示例代码如下。

```Python
import numpy as np
import tensorflow as tf

# 创建一些样本数据
X = np.array([-1.0, 0.0, 1.0, 2.0, 3.0, 4.0], dtype=float)
Y = np.array([-3.0, -1.0, 1.0, 3.0, 5.0, 7.0], dtype=float)

# 定义模型
model = tf.keras.Sequential([
    tf.keras.layers.Dense(units=1, input_shape=[1])
])

# 编译模型
model.compile(optimizer='sgd', loss='mean_squared_error')

# 训练模型
model.fit(X, Y, epochs=500, verbose=0)

# 测试模型
result = model.predict([10.0])
print(reuslt)
# [[18.97783]]
```

通过上述例子，你应该能够对 TensorFlow 的基本使用方法有所了解。TensorFlow 提供了丰富的 API，可以用于构建和训练复杂的深度学习模型。随着对 TensorFlow 的进一步学习，你将能够掌握更多高级功能，以解决实际问题。

1.1.3 PyTorch

PyTorch 是由 Facebook AI Research Lab 开发的一个开源机器学习库。它提供了类似于 NumPy 的张量计算功能，且具有强大的 GPU 加速支持。PyTorch 以其简洁的 API 和用户友好 的设计受到广大研究人员和开发者的喜爱，特别适合于快速原型设计和研究。

1. 安装 PyTorch

在开始使用之前，需要先安装 PyTorch。PyTorch 官方网站提供了相关的安装命令，你可 以根据自己的操作系统和开发环境（包括是否需要 GPU 支持）选择正确的命令。例如，在大 多数情况下，如果你使用的是 pip 且希望在 CPU 上运行 PyTorch，那么可以使用以下命令安装 PyTorch。

```Shell
pip install torch
```

> **小提示**
>
> 为了减少运行时的错误，推荐使用与本书代码环境一致的 PyTorch 2.1.1 版本进行开发。

2. 动手实践

张量是 PyTorch 中的基本构建块，可以将其看作高维数组或矩阵。张量支持自动梯度计算，非常适合在神经网络中使用。

创建和操作张量的示例代码如下。

```Python
import torch

# 创建一个未初始化的 3×2 张量
x = torch.empty(3, 2)
print(x)
# tensor([[0., 0.],
#         [0., 0.],
#         [0., 0.]])

# 创建一个随机初始化的张量
x = torch.rand(3, 2)
print(x)
# tensor([[0.5277, 0.0190],
#         [0.5107, 0.9485],
#         [0.5214, 0.6354]])

# 创建一个用 0 填充的张量，数据类型为 long
x = torch.zeros(3, 2, dtype=torch.long)
print(x)
# tensor([[0, 0],
#         [0, 0],
```

```
#             [0, 0]])

# 直接根据数据创建张量
x = torch.tensor([[1, 2], [3, 4], [5, 6]])
print(x)
# tensor([[1, 2],
#         [3, 4],
#         [5, 6]])

# 张量加法
y = torch.rand(3, 2)
print(x + y)
# tensor([[1.4600, 2.7211],
#         [3.6706, 4.3424],
#         [5.8336, 6.1341]])

# 使用 torch.add 进行加法运算
result = torch.empty(3, 2)
torch.add(x, y, out=result)
print(result)
# tensor([[1.4600, 2.7211],
#         [3.6706, 4.3424],
#         [5.8336, 6.1341]])
```

在训练神经网络时，反向传播算法用于自动计算模型参数的梯度。在 PyTorch 中，autograd 包提供了这项功能。当使用张量进行相关操作时，可以通过设置 requires_grad 为 True 以跟踪对张量的所有操作。

以下是 autograd 包的一个简单示例。

```
Python

import torch

# 创建张量并设置 requires_grad 为 True 以跟踪对张量的所有操作
x = torch.ones(2, 2, requires_grad=True)
print(x)
# tensor([[1., 1.],
#         [1., 1.]], requires_grad=True)

# 对张量进行操作
y = x + 2
print(y)
# tensor([[3., 3.],
#         [3., 3.]], grad_fn=<AddBackward0>)

# 因为 y 是操作的结果，所以它有 grad_fn 属性
print(y.grad_fn)
```

```
# <AddBackward0 object at 0x104bc6e50>

# 对 y 进行更多操作
z = y * y * 3
out = z.mean()
print(z, out)
# tensor([[27., 27.],
#         [27., 27.]], grad_fn=<MulBackward0>) tensor(27., grad_fn=<MeanBackward0>)

# 计算梯度
out.backward()
# 打印梯度 d(out)/dx
print(x.grad)
# tensor([[4.5000, 4.5000],
#         [4.5000, 4.5000]])
```

3. 构建神经网络

在 PyTorch 中，torch.nn 包负责构建神经网络。nn.Module 是所有神经网络模块的基类，你的模型也应该继承这个类。

以下是一个简单的前馈神经网络的实现，其中包含一个隐藏层。

```
Python
import torch
import torch.nn as nn
import torch.nn.functional as F


class Net(nn.Module):

    def __init__(self):
        super(Net, self).__init__()
        # 包含 1 个输入图像通道、6 个输出通道的 3×3 的卷积核
        self.conv1 = nn.Conv2d(1, 6, 3)
        self.conv2 = nn.Conv2d(6, 16, 3)
        # 仿射变换：y=Wx+b
        self.fc1 = nn.Linear(16 * 6 * 6, 120)  # 6*6 来自图像维度
        self.fc2 = nn.Linear(120, 84)
        self.fc3 = nn.Linear(84, 10)

    def forward(self, x):
        # 最大池化窗口 (2, 2)
        x = F.max_pool2d(F.relu(self.conv1(x)), (2, 2))
        x = F.max_pool2d(F.relu(self.conv2(x)), 2)
        x = torch.flatten(x, 1)   # 除了批量维度以外展平所有维度
        x = F.relu(self.fc1(x))
        x = F.relu(self.fc2(x))
        x = self.fc3(x)
```

```
        return x

net = Net()
print(net)
```

PyTorch 提供了丰富的 API 和灵活的设计理念，非常适合进行科学研究和原型设计。目前它是整个 AI 技术框架中非常流行的一个框架。

1.1.4 Hugging Face

Hugging Face 是在自然语言处理（Natural Language Processing，NLP）领域一个广受欢迎的开源组织。它提供了大量的预训练模型和工具，可以辅助研究人员和开发者在文本处理、生成、理解等任务上取得突破。transformers 库是 Hugging Face 推出的一个核心产品，其中包含多种基于 Transformer 架构的模型实现，如 BERT、GPT、XLNet、T5 等，且支持超过 100 种语言的文本处理任务。

1. 安装 transformers 库

在开始使用之前，首先安装 transformers 库。可以通过如下 pip 命令轻松完成安装。

```
Shell
pip install transformers==4.30.2
```

📖 小提示

　为了减少运行时的错误，推荐使用与本书代码环境一致的 transformers 4.30.2 版本进行开发。

2. 使用 transformers 库进行文本分类

这里以一个简单的文本分类任务为例介绍如何使用 transformers 库。假定我们的目标是判断一段文本的情感倾向（如正面或负面）。

1）加载预训练模型及其分词器

首先，导入必要的库并加载模型及其分词器。示例代码如下。

```
Python
from transformers import pipeline

# 加载 pipeline, 指定任务为 sentiment-analysis
classifier = pipeline('sentiment-analysis')
```

这里使用的 pipeline（管道）是 transformers 库提供的一个高级接口，允许用户快速部署模型到具体的 NLP 任务上，如文本分类、文本生成、问答等。

2）对文本进行分类

接下来，可以直接对输入的文本进行情感分析。示例代码如下。

```
Python
result = classifier("I love using transformers. It's so easy and powerful!")
print(result)
# [{'label': 'POSITIVE', 'score': 0.9998}]
```

这表示模型将输入的文本判断为正面情感，置信度接近 100%。

Hugging Face 的 transformers 库为 NLP 领域提供了强大而灵活的工具，它不仅包含丰富的预训练模型，还提供易用的 API，这使开发者可以快速将最新的 NLP 技术应用到实际项目中。无论是进行基础的文本分类、问答，还是复杂的文本生成任务，transformers 库都能提供便捷的支持。

1.1.5　扩展阅读

对于想要深入学习 Python、TensorFlow、PyTorch 以及 Hugging Face 的读者，以下资源可以极大地帮助你扩展知识和技能。这些建议的阅读材料和网站会为你提供从基础到高级的内容，确保你能够全面理解这些工具和库。

1. Python

- 《Python 核心编程》详细介绍了 Python 的核心概念，适合初学者和中级程序员。
- 《流畅的 Python》深入浅出地讲解了 Python 高级用法，强烈推荐给有一定 Python 经验的开发者。
- 官方 Python 文档的内容深入浅出，是学习 Python 不可多得的免费资源。

2. TensorFlow

- 《TensorFlow：实战 Google 深度学习框架》覆盖 TensorFlow 的基础与进阶应用，非常适合系统学习。
- TensorFlow 官方文档详尽地介绍了 TensorFlow 的所有特性。
- 由吴恩达和他的团队设计的 TensorFlow 实践课程，其中集合了 TensorFlow 在实践中的应用。

3. PyTorch

- 《PyTorch 深度学习实战》通过实例教授 PyTorch 的基础和高级知识点，适合各层次读者。
- PyTorch 官方文档提供了大量示例代码和实践指南，适合新手迅速上手。
- "60 分钟上手使用 PyTorch 进行深度学习"项目可以帮助新手快速入门，其内容涵盖 PyTorch 的基本概念。

4. Hugging Face

- "Transformer 模型实战"探索了 Hugging Face 生态系统，并以项目为导向介绍 Transformer 模型。
- Hugging Face 官方文档包含使用 transformers 库的详细指南和 API 文档。
- Hugging Face 的 transformers 库课程是免费的在线课程，内容覆盖从基础到高级的 transformers 库知识。

以上资源除了介绍基础内容以外，还深入阐释了一些复杂的主题，可以帮助读者打下坚实的技术基础。

1.2　常见模型介绍

在 1.1 节中，我们学习了一些常用的技术框架或工具，本节将对常见模型进行介绍。

在机器学习领域，模型大致可以分为两大类——判别式（discriminative）模型和生成式（generative）模型。这两类模型在目标、方法和应用方面都有所不同。

1.2.1 判别式模型

判别式模型的主要任务是学习输入数据和输出标签之间的映射关系。简而言之，它们试图直接从输入数据预测输出标签。判别式模型关注于边界，即不同类别或结果之间的分界线。常见的判别式模型包括逻辑斯谛回归（Logistic Regression，LR）、支持向量机（Support Vector Machine，SVM）、深度神经网络（Deep Neural Network，DNN）等。

1. 逻辑斯谛回归

逻辑斯谛回归是一种广泛使用的线性分类器，主要用于二分类问题。它通过 sigmoid 函数将线性回归的输出压缩到 [0,1] 区间，以表示某个类别的概率。

2. 支持向量机

支持向量机是一种强大的分类器，通过寻找最大间隔超平面以最好地分割不同的类别。支持向量机在处理中小型复杂数据集方面表现突出，尤其是在高维空间。如图 1-1 所示，使用支持向量机对白点、黑点进行分类。

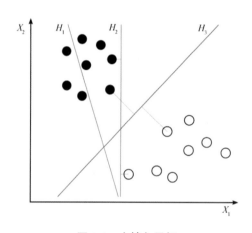

图 1-1　支持向量机

3. 深度神经网络

深度神经网络通过组合多个非线性处理层来学习复杂的数据表示。深度神经网络在语音识别、图像识别、NLP 等领域取得了巨大成功。

1.2.2 生成式模型

与判别式模型不同，生成式模型试图了解数据是如何生成的。它们通过学习输入数据的分布来生成新的数据实例。生成式模型不仅能够执行分类任务，还能够生成类似于训练集的全新数据样本。常见的生成式模型包括高斯混合模型（Gaussian Mixture Model，GMM）、隐马尔可夫模型（Hidden Markov Model，HMM）和近年来非常流行的生成对抗网络（Generative Adversarial Network，GAN）及扩散模型（Diffusion Model，DM）等。

1. 高斯混合模型

高斯混合模型是一种概率模型，假设所有的数据点都是由有限数量的高斯分布混合生成的。高斯混合模型常用于聚类分析和密度估计。

2. 隐马尔可夫模型

隐马尔可夫模型是一种统计模型，假定系统可以用一个隐藏的马尔可夫链生成观测数据。隐马尔可夫模型广泛应用于时间序列数据的分析，如语音识别和 NLP。隐马尔可夫模型的状态变迁如图 1-2 所示。

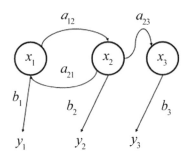

图 1-2　隐马尔可夫模型的状态变迁

3. 生成对抗网络

生成对抗网络由两部分组成——生成器和判别器。生成器负责产生看起来像真实数据的假数据，而判别器的任务是区分生成的数据和真实数据。生成对抗网络在图像生成、风格转换、图像超分辨率等方面显示出惊人的效果。

4. 扩散模型

扩散模型是一种近年来快速崛起的生成式模型，它通过模拟反向扩散过程来生成数据。这个过程首先从一个随机噪声分布开始，然后逐步通过学习的扩散过程去除噪声，最终生成与真实数据相似的样本。扩散模型在图像和音频合成领域取得了显著成果，尤其是在生成高质量、细节丰富的图像方面表现出色。

生成式模型和判别式模型各有优势及适用场景。判别式模型凭借直接学习输入与输出之间关系的能力，在许多预测和分类任务中表现卓越。而生成式模型则因为能够揭示数据背后的分布特征和生成新数据的能力，在数据增强、未来预测等任务中展现出巨大的潜力。随着研究的深入和技术的发展，两类模型都在不断进化，以解决越来越多的实际问题。

1.3　数据和任务

随着人工智能技术的飞速发展，生成式 AI 已经成为科技领域最令人兴奋的前沿技术之一。它利用深度学习模型，通过理解大量的数据来创造全新的内容，这些内容涵盖文本、图像、音频甚至视频等多种形式。它不仅为人类创造力的延伸提供了无限可能，而且在很多行业开辟了新的应用场景。本节将深入探讨生成式 AI 在不同数据类型和常见任务中的应用，包括如何运用先进模型进行文本生成、图像创作、音频生产以及视频制作。

1.3.1 数据类型

常见的数据类型如下。

- 文本数据。文本数据是生成式 AI 中最常见的数据类型之一，广泛应用于聊天机器人、自动写作、内容生成等任务。这些文本数据可以来自书籍、文章、网页等多种来源。
- 图像数据。图像数据涉及静态的视觉内容，包括照片、绘画、设计图等。生成式 AI 在这一领域的应用包括生成新的艺术作品、编辑现有图像以及创建虚拟场景等。
- 音频数据。音频数据包括声音记录和音乐。生成式 AI 能够创造新的音乐作品、模仿特定的声音或音乐风格，以及进行语音合成和变换等。

1.3.2 常见任务

1. 文本生成

文本生成任务主要包括如下内容。

- 新闻文章。自动化生成新闻内容，旨在提高新闻报道的效率和速度。
- 故事创作。创造新颖的故事和小说，为作家和内容创造者提供灵感。
- 代码生成。自动生成代码片段，帮助开发者提高开发效率。

文本总结是文本生成最广泛的应用之一，即将长文档缩写成较短的文本，同时保留其中的重要信息。一些模型可以从初始输入中提取文本，而其他模型可以生成全新的文本。

接下来我们通过如下代码进行实践。

```Python
from transformers import pipeline

classifier = pipeline("summarization")
classifier("Paris is the capital and most populous city of France, with an estimated population of 2,175,601 residents as of 2018, in an area of more than 105 square kilometres (41 square miles). The City of Paris is the centre and seat of government of the region and province of Île-de-France, or Paris Region, which has an estimated population of 12,174,880, or about 18 percent of the population of France as of 2017.")
## [{ "summary_text": " Paris is the capital and most populous city of France..." }]
```

可以看到，借助 Hugging Face 的 transformers 库，可以快速完成文本生成任务。

2. 图像生成

图像生成任务主要包括如下内容。

- 艺术创作。利用 AI 创作独特的艺术品，模仿或超越传统的艺术风格。
- 图像编辑。自动调整图像参数或进行复杂的编辑任务，如风格转换、面部编辑等。
- 虚拟现实内容。生成虚拟现实环境中的视觉内容，用于游戏、模拟和教育等场景。

图 1-3 展示了无条件图像生成，即在任何上下文（如提示文本或另一幅图像）中无条件生成图像的任务。一旦训练完成，模型将创造出类似其训练数据分布的图像。这个领域中非常流行的模型包括生成对抗网络和变分自编码器模型。由于此类模型不如 Stable Diffusion 模型更有

用，因此本书不会花大量篇幅介绍这类较为过时的模型。

图 1-3 无条件图像生成

图 1-4 展示了文生图模型的应用过程，即输入文本生成图像。这些模型可以用来根据文本提示生成或修改图像。

图 1-4 输入文本生成图像

这里我们使用第三方库进行文生图代码的实践。示例代码如下。

```Python
from diffusers import StableDiffusionPipeline, EulerDiscreteScheduler

model_id = "stabilityai/stable-diffusion-2"
scheduler = EulerDiscreteScheduler.from_pretrained(model_id,
subfolder="scheduler")
pipe = StableDiffusionPipeline.from_pretrained(model_id, scheduler=scheduler,
torch_dtype=torch.float16)
pipe = pipe.to("cuda")

prompt = "a photo of an astronaut riding a horse on mars"
image = pipe(prompt).images[0]
```

3. 音频生成

音频生成任务主要包括如下内容。

- 音乐创作。创造新的音乐作品，模仿特定艺术家或风格，或完全创新。
- 语音合成。生成清晰、自然的语音输出，用于虚拟助手、有声读物和其他应用。

音频到音频是一类任务，其中输入是一个音频，输出是一个或多个生成的音频。示例任务如语音增强和声源分离等。图 1-5 展示了音频到音频转换的过程。

图 1-5　音频到音频转换

音频到音频转换的示例代码如下。

```Python
from speechbrain.pretrained import SpectralMaskEnhancement
model = SpectralMaskEnhancement.from_hparams(
"speechbrain/mtl-mimic-voicebank"
)
model.enhance_file("file.wav")
```

如图 1-6 所示，文本转语音（Text-to-Speech，TTS）模型可用于任何需要将文本转换成模仿人声的语音应用中。在智能设备上，TTS 模型被用来创建语音助手。与通过录制声音并映射它们来构建助手的拼接方法相比，TTS 模型是更好的选择，因为 TTS 模型生成的输出包含自然语音中的元素，如重音。在机场和公共交通的公告系统中，TTS 模型被广泛使用，主要用于将给定文本的公告转换成语音。

图 1-6　文本转语音

文本转语音的示例代码如下。

```Python
from transformers import pipeline
synthesizer = pipeline("text-to-speech", "suno/bark")
synthesizer("Look I am generating speech in three lines of code!")
```

4. 视频生成

视频生成任务主要包括如下内容。

- 基于脚本的视频生成。根据提供的文本脚本创建短视频内容，如营销视频，解释产品工作原理等。
- 内容格式转换。将长篇文本、博文、文章和文本文件转换成视频，用于制作教育视频，让内容变得更加吸引人，互动性更强。
- 配音和语音。创建 AI 新闻播报员以传递日常新闻，或者由电影制作人创建短片或音乐视频等。

视频生成任务的变体如下。

- 文本到视频编辑。生成基于文本的视频样式和局部属性编辑，简化裁剪、稳定、色彩校正、调整大小和音频编辑等任务。
- 文本到视频搜索。检索与给定文本查询相关的视频，通过语义分析、视觉分析和时间分析，确定与文本查询最相关的视频。
- 文本驱动的视频预测。根据文本描述生成视频序列，目标是生成视觉上真实且与文本描述语义一致的视频。
- 视频翻译。将视频从一种语言翻译成另一种语言，或允许使用非英语句子查询多语言文本 - 视频模型，适用于希望观看包含自己不懂的语言的视频的人群，特别是当有多语言字幕可供训练时。

视频生成（这里使用了文生视频模型，即从文字生成视频模型）的示例如图 1-7 所示。

图 1-7　视频生成

5. 多模态任务

如图 1-8 所示，图像问答（也称为视觉问答）是基于图像回答开放式问题的任务。它们对自然语言问题输出自然语言响应。

图 1-8　图像问答

图像问答的示例代码如下。

```Python
Python
from PIL import Image
from transformers import pipeline

vqa_pipeline = pipeline("visual-question-answering")

image =  Image.open("elephant.jpeg")
question = "Is there an elephant?"

vqa_pipeline(image, question, top_k=1)
#[{'score': 0.9998154044151306, 'answer': 'yes'}]
```

如图1-9所示，文档问答（也称为文档视觉问答）是指在文档图像上回答问题的任务。文档问答模型将文档－问题对作为输入，并返回自然语言的答案。这类模型通常依赖于多模态特征，涉及文本、单词位置（边界框）和图像等。

图1-9　文档问答

文档问答的示例代码如下。

```Python
Python
from transformers import pipeline
from PIL import Image

pipe = pipeline("document-question-answering", model="naver-clova-ix/donut-
base-finetuned-docvqa")

question = "What is the purchase amount?"
image = Image.open("your-document.png")

pipe(image=image, question=question)

## [{'answer': '20,000$'}]
```

1.4 小结

本章提供了一次全面的技术之旅，从基础的编程语言和框架介绍，到深入探讨判别式模型与生成式模型的异同，再到概览生成式 AI 能够处理的数据类型和任务。通过这一系列精心安排的内容，我们希望读者能够获得一个清晰的生成式 AI 领域全貌，深刻理解其核心技术与应用，并为进一步的学习和研究奠定坚实的基础。

在这个技术日新月异的时代，生成式 AI 已经崛起为一个热门话题，其背后的技术正在不断地演进。从最初的简单模型到如今高度复杂的系统，生成式 AI 正展现出无限的可能性。我们满怀期待，随着技术的日益成熟和应用场景的持续拓展，生成式 AI 将在未来带来更多的惊喜和突破。对于读者而言，理解并掌握本章所介绍的内容，是迈入这一激动人心领域的关键的第一步。

第 2 章

Transformer 和 GPT 模型

在过去的几年里，深度学习领域经历了翻天覆地的变革，尤其是自然语言处理（Natural Language Processing，NLP）技术的进步格外引人注目。这一切的催化剂之一便是 Transformer 模型的诞生，它为处理序列数据带来了革命性的方法。继之而来的是一系列基于 Transformer 架构的变体，它们如雨后春笋般涌现，其中最具影响力的莫过于 GPT（Generative Pre-trained Transformer）系列模型。本章旨在深入剖析 Transformer 和 GPT 模型的工作原理、应用场景，并通过实际案例展示它们如何在现实世界中创造价值。

2.1 Transformer 简介

近年来深度学习已成为机器学习领域的一大突破，它通过构建多层次的神经网络模型，赋予了计算机更强大的表示学习能力。在自然语言处理领域，深度学习同样取得了令人瞩目的成果。其中，循环神经网络（Recurrent Neural Networks，RNN）和卷积神经网络（Convolutional Neural Network，CNN）等方法已被广泛应用于文本序列建模和语义理解任务。然而，这些传统深度学习模型也存在一些问题，如梯度消失／梯度爆炸以及对长距离依赖关系的处理不足等。

在这样的背景下，一种全新的模型结构——Transformer 应运而生。Transformer 的核心思想在于引入自注意力机制（self-attention），有效地解决了传统深度学习模型在处理长距离依赖时的问题，并且显著提升了并行计算能力。自诞生以来，Transformer 已在各种 NLP 任务中取得了卓越的成绩。

2.1.1 基本概念

Transformer 最初由 Vaswani 等人在 2017 年的论文 "Attention Is All You Need" 中提出。这篇论文颠覆了以往将循环神经网络和卷积神经网络视为 NLP 主流模型的观点，提出了一种基于自注意力机制的全新模型。Transformer 模型凭借其强大的表示学习能力和高效的并行计算性能，在短时间内便成为 NLP 领域的标准配置。

Transformer 的核心结构由编码器（encoder）和解码器（decoder）两部分组成，它们都是基于自注意力机制的多层堆叠结构，如图 2-1 所示。

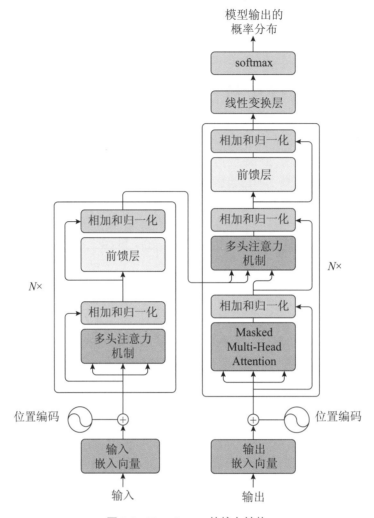

图 2-1　Transformer 的核心结构

1. 编码器

编码器由 N 个相同的层堆叠而成，每一层都包含两个子层——多头自注意力层和全连接前馈层。这两个子层均采用残差连接（residual connection）和层归一化（layer normalization）进行优化。编码器的主要功能是将输入语句中的每个词表示为一个连续的向量，以便后续解码器进行处理。

2. 解码器

解码器同样由 N 个相同的层堆叠而成。除了与编码器相似的多头自注意力层和全连接前馈层以外，解码器还多了一个额外的编码－解码注意力层（encoder-decoder attention），用于关联输入语句和生成的输出语句。解码器的主要任务是基于编码器的输出生成目标语句。

3. 自注意力机制

自注意力机制是 Transformer 模型的核心部分，其结构如图 2-2 所示。它允许模型在一个序列内部学习各个元素之间的依赖关系，从而捕捉到文本中长距离的信息。

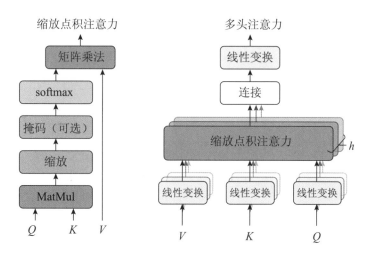

图 2-2　自注意力机制的结构

自注意力机制可以分为以下 3 个步骤。

1）注意力分数计算

将输入序列的每个词的嵌入表示通过线性变换后得到查询（query）、键（key）和值（value）3 个矩阵，然后计算查询和键之间的点积，再除以一个缩放因子（通常为词向量长度的平方根），得到注意力分数。

2）注意力权重与值向量

对注意力分数进行 softmax 操作，得到注意力权重。这些权重表示在计算当前词的表示时，其他词与当前词之间的相关程度。

3）多头注意力

为了更好地捕捉不同位置和不同维度上的信息，Transformer 引入了多头注意力机制。将初始输入分成多个子空间后，分别进行自注意力计算，再将各个子空间的结果拼接起来。这样，模型就可以关注到多种不同的信息，进而提高表达能力。

通过引入自注意力机制，Transformer 不仅能够并行处理整个文本序列，而且具有更强大的长距离依赖捕捉能力。这使得 Transformer 在 NLP 任务中具有显著的优势。

2.1.2　关键技术

下面讲解 Transformer 中关键的 3 种技术。弄懂了这 3 种技术，基本就弄懂了 Transformer。

1. 位置编码

由于 Transformer 模型没有使用循环神经网络或卷积神经网络，因此需要一种方法来表示序列中的位置信息。为了解决这个问题，Transformer 引入了位置编码。

1）为什么需要位置编码

在自注意力机制中，由于模型无法区分输入序列中词的顺序，因此需要引入额外的信息来表示词在序列中的位置。位置编码就提供这种位置信息，使模型能够学习到序列的顺序特征。

2）位置编码的实现方法

Transformer 使用了一种基于正弦函数和余弦函数的位置编码方法。具体来说，对于每个位

置 i 和每个维度 j，计算其位置编码的示例代码如下。

```
Plain Text
PE(i, 2 * j) = sin(i / 10000^(2*j/d))
PE(i, 2 * j + 1) = cos(i / 10000^(2*j/d))
```

其中，d 是词向量的维度。这种位置编码方法可以让模型根据相对距离推断出两个词之间的位置关系。将位置编码与词向量相加后，便可以输入 Transformer 的编码器中。

2. 层归一化

层归一化是一种常用的优化技术，它可以提高模型的训练稳定性和收敛速度。

1）层归一化的作用

层归一化操作可以使输入数据在不同特征维度上具有相似的尺度，这有利于加速模型的收敛过程。在深度神经网络中，参数更新可能导致隐藏层的激活值分布发生变化，使训练过程变得复杂。通过层归一化操作，可以降低这种问题对模型训练的影响。

2）层归一化的具体实现

层归一化是一种对单个样本内各个神经元输出进行归一化的方法。具体来说，在每一层中，先计算输入向量 X 的均值和方差，然后使用如下代码进行归一化。

```
Plain Text
LN(X) = γ * (X - μ) / σ + β
```

其中，γ 和 β 是可学习的参数，μ 是 X 中每个元素的平均值，σ 是 X 中每个元素的标准差。

3. 残差连接

残差连接是另一种重要的优化技术，可以有效地解决深度神经网络训练过程中的梯度消失或梯度爆炸问题。

1）如何解决梯度消失问题

残差连接通过在每个层之间添加跳跃式的连接，使得前一层的信息可以直接传递到后面的层。这种方式保证了梯度的传播不会受到较深层次的影响，从而缓解梯度消失问题。

2）残差连接在 Transformer 中的应用

在 Transformer 的编码器和解码器中，每个子层（如多头自注意力层、全连接前馈层等）都采用了残差连接。具体来说，在计算子层输出时，将输入向量与子层处理结果相加，然后进行层归一化。这种结构有助于模型在训练过程中捕获更丰富的信息，并提高收敛速度。

2.1.3　变种与扩展

自从 Transformer 模型提出以来，学术界和工业界对其进行了大量的研究和改进。以下是一些在 Transformer 基础上发展起来的著名变种和扩展。

1. BERT

BERT（Bidirectional Encoder Representations from Transformers）是由 Google 提出的一种基于 Transformer 的预训练语言模型。不同于传统的单向编码器，BERT 使用双向 Transformer 编码器对文本序列进行建模。这使得 BERT 能够同时捕捉到词的上下文信息，从而提高模型的表示学习能力。

BERT 采用两阶段的训练策略：首先，在大规模无标签文本数据上进行预训练；然后，在特定任务上通过微调进行优化。这种预训练 - 微调的方法充分利用了无监督学习和有监督学习的优势，使 BERT 在各种 NLP 任务上都获得了显著的性能提升。

2. GPT

GPT 是 OpenAI 提出的一种基于 Transformer 的生成式预训练模型。与 BERT 不同，GPT 使用单向 Transformer 解码器进行建模，并采用自回归的方式生成文本序列。GPT 同样采用了预训练和微调的策略，可以在各种 NLP 任务上进行迁移学习。

由于具备生成式的特点，因此 GPT 在自然语言生成任务上表现出色。例如，GPT-3 是目前规模最大的 Transformer 模型之一，具有超过 1750 亿个参数，并在多项自然语言生成任务中取得了令人瞩目的成果。

3. T5

T5（Text-to-Text Transfer Transformer）是由 Google 提出的另一种基于 Transformer 的预训练语言模型。它采用了一种统一的文本到文本架构，将所有 NLP 任务视为序列到序列的转换问题。这种通用架构简化了模型的设计，并提高了在不同任务间的泛化能力。

T5 引入了一种新的预训练目标——零样本学习（zero-shot learning），即在没有看到目标任务数据的情况下，利用预训练知识进行推理。这种方法突破了传统监督学习的局限，使模型能够更好地适应新的任务和场景。

这些变种与扩展在 Transformer 的基础上进行了不同程度的改进和优化。它们在各种 NLP 任务中取得了显著的成果，并推动了 NLP 领域的研究进展。

2.1.4 资源与工具

随着 Transformer 模型在 NLP 领域的广泛应用，许多开源项目和库应运而生。以下列举了一些目前流行的 Transformer 开源资源或工具。

1. TensorFlow 中的 Transformer 实现

TensorFlow 官方提供了基于 TensorFlow 的 Transformer 实现，包括编码器、解码器以及完整的训练与推理功能。开发者可以参考官方示例快速搭建自己的 Transformer 模型。

2. PyTorch 中的 Transformer 实现

PyTorch 提供了对 Transformer 模型的支持，包括自注意力机制、多头注意力以及完整的编码器和解码器实现。开发者可以直接通过相应的接口构建自己的 Transformer 结构。

3. Hugging Face 的 transformers 库

Hugging Face 的 transformers 库是目前最受欢迎的 NLP 预训练模型库之一。它支持包括 BERT、GPT-2、T5 等在内的多种 Transformer 模型，并提供了丰富的预训练模型资源。通过 transformers 库，用户可以方便地进行模型的加载、微调和部署。

这些开源资源及工具为广大研究者和开发者提供了极大的便利。借助这些工具，开发者可以快速实现 Transformer 模型并将其应用于各种 NLP 任务。同时，随着更多创新性的 Transformer 变种和应用的出现，开源社区也将继续为 NLP 领域的发展作出贡献。

2.1.5　扩展阅读

- "The Illustrated Transformer"是一篇广受好评的文章，它通过图解的形式详细解释了 Transformer 模型的工作原理和各个组成部分。
- "Attention is All You Need"是一篇开创性的论文，它首次提出了 Transformer 模型。该论文提供了 NLP 领域一种全新的、有效的模型架构，有助于初学者理解现代深度学习技术在处理序列数据时的创新思路。
- 《一文浅析 Transformer》主要介绍了 Transformer 模型的基本结构和工作原理，通过图解和简化的语言帮助初学者理解自注意力机制、编码器 - 解码器架构以及位置编码等关键概念。对初学者而言，文章以浅显易懂的方式降低了入门难度，有助于快速把握 Transformer 的核心思想。

2.2　GPT 模型基础

2.2.1　GPT 模型的历史背景

GPT 模型是目前人工智能领域最重要的模型之一。在详细了解 GPT 模型之前，我们要先从 NLP 说起，因为 GPT 模型最早被用于 NLP 领域。NLP 是人工智能领域的一个重要分支，它主要包含一些文本和语音的处理任务。

1. NLP 的发展

NLP 的起源可以追溯到 20 世纪五六十年代，早期的 NLP 主要通过规则和模式匹配技术进行研究。20 世纪 80 年代，随着统计方法的引入，NLP 领域取得了显著进步。这个时期的主流技术包括隐马尔可夫模型、最大熵模型等。

进入 21 世纪后，随着软硬件技术的进步，深度学习技术逐渐兴起。2013 年，Google 推出 Word2Vec 算法（见图 2-3）。该算法将单词进行向量化编码，从而获得单词之间的相似性。例如通过欧氏空间距离来衡量。此外，循环神经网络和长短期记忆网络等基于序列的神经网络架构也在这个时期被广泛应用于 NLP 任务。

2. 预训练模型的崛起

2018 年是 NLP 发展史上具有里程碑意义的一年。伯克利人工智能研究中心开发出 ELMo（Embeddings from Language Models），首次将预训练技术引入 NLP。通过在大量无标签文本数据上进行无监督训练，ELMo 学习丰富的语言表征，这极大地提高了其在下游任务中的性能。

与此同时，Google 推出了 BERT，这是一种基于 Transformer 的预训练语言模型。相对于 ELMo 的局限性，BERT 能够更好地捕捉上下文信息，并在多个 NLP 任务上刷新了当时的纪录。

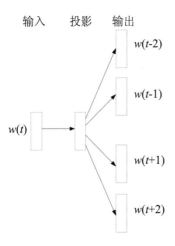

图 2-3　Word2Vec 算法

3. GPT 模型的诞生与发展

紧随 BERT 之后，OpenAI 提出了 GPT 模型，其模型结构和任务适配如图 2-4 所示。GPT 是基于 Transformer 解码器的单向语言模型。通过使用掩码来解决因果关系问题。GPT 在许多 NLP 任务中取得了显著成果。然而，第一代 GPT 模型的规模及精度相比 BERT 还有一定差距。

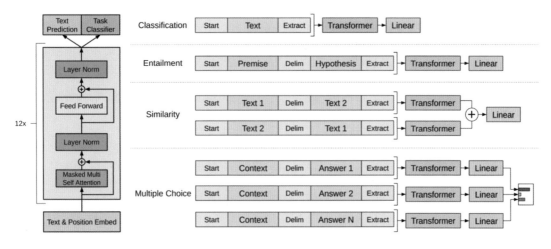

图 2-4　GPT 模型结构和任务适配

为了进一步提升性能，OpenAI 在 2019 年发布了 GPT-2。GPT-2 的模型规模扩大到 15 亿个参数，这极大地提高了生成文本的质量。尽管在当时它引起了关于潜在滥用的讨论，但 GPT-2 仍然被认为是 NLP 领域的重要突破。

2020 年，OpenAI 发布了 GPT-3，进一步拓展了成功的 GPT 系列模型。GPT-3 的规模更上一层楼，达到 1750 亿个参数。这使得 GPT-3 在各种 NLP 任务上表现出色，并可根据需求进行微调。

4. GPT 模型的特点与创新

GPT 模型是基于 Transformer 解码器构建的。与完整的 Transformer 结构相比，GPT 模型省略了编码器部分。这是因为 GPT 是一种单向语言模型，其任务是根据给定的上下文生成下一个词。以下是 GPT 模型的一些特点和创新之处。

- 单向语言模型。与 BERT 等双向模型不同，GPT 是一个单向模型，只考虑输入序列中每个词的左侧上下文信息。
- 掩码技术。为避免在训练过程中产生信息泄露，GPT 使用了掩码技术，使模型无法访问当前预测位置右侧的单词信息。
- 微调和迁移学习。GPT 首先在大量无标签数据上进行预训练，以学习通用的语言表示。随后，在特定任务上进行微调，使模型适应各种 NLP 任务。
- 高可扩展性。GPT 模型具有很高的可扩展性，可以通过增加层数或者宽度来提升性能。

GPT 模型基于 Transformer 解码器，采用单向语言建模、掩码技术等创新手段，实现了高效的 NLP 任务。从 GPT 到 GPT-3，这一系列模型不断刷新着 NLP 领域的纪录，并为未来的研究提供了有利的基础。

2.2.2　GPT 模型的核心技术

接下来，我们将深入探讨 GPT 模型的核心技术，包括自注意力机制、掩码因果关系、优化算法与正则化以及模型微调与迁移学习。

1. 自注意力机制

自注意力机制是 Transformer 和 GPT 模型的核心组成部分。它允许模型在处理输入序列时关注到其他位置的信息，从而捕捉长距离依赖关系。

多头自注意力是自注意力机制的一种改进，通过使用多个不同的线性投影来增加模型的表达能力。具体来说，在多头自注意力中，输入向量首先被分为 H 个头，每个头都有其独立的权重矩阵。之后，每个头分别计算自注意力得分，并将结果重新组合起来，形成最终的输出向量。

自注意力机制的一个重要优势是并行计算能力。相比于循环神经网络和长短期记忆网络等顺序处理序列的方法，Transformer 可以同时处理整个序列，从而大大提高计算效率。

2. 掩码因果关系

为了防止 GPT 模型在生成过程中产生信息泄露，需要使用掩码来解决因果关系问题。具体而言，在计算自注意力得分时，模型会将未来位置的信息设置为负无穷大，这样 softmax 函数就会给予这些位置接近于 0 的权重。通过这种方法，GPT 模型确保在生成每个单词时，只能访问其左侧的上下文信息。

3. 优化算法与正则化

在训练 GPT 模型时，通常采用基于梯度的优化方法，如 Adam。Adam 是一种自适应学习率的优化算法，具有良好的性能和收敛速度。此外，为了避免过拟合现象，可以使用正则化技术，如权重衰减或 L2 正则化等。

还可以使用层归一化对模型进行训练。层归一化是一种标准化技术，可以加速训练过程并改善模型的泛化能力。在 Transformer 和 GPT 模型中，层归一化通常应用在残差连接之后。

4. 模型微调与迁移学习

GPT 模型采用两阶段训练策略——预训练和微调。在预训练阶段，模型通过大量无标签文本数据学习通用的语言知识。这可以使得 GPT 模型在各种 NLP 任务上具有很好的迁移能力。

在微调阶段，模型根据特定任务的标签数据进行调整。通过调整预训练的模型参数，GPT 模型能够快速适应新任务，并获得优异的性能。这使得 GPT 模型可以在如机器翻译、文本分类等 NLP 任务中取得显著成果。

GPT 模型通过自注意力、掩码因果关系、优化算法与正则化以及微调与迁移学习等核心技术，实现了高效且强大的 NLP 能力。从 GPT 到 GPT-3，这一系列模型为未来的研究和应用奠定了坚实的基础。

2.2.3　扩展阅读

- Mikolov T., Sutskever I., Chen K., et al."Distributed Representations of Words and Phrases and Their Compositionality".
- Sarzynska-Wawer J., Wawer A., Pawlak A., et al. "Detecting Formal thought Disorder by Deep

Contextualized Word Representations".

- Devlin J., Chang M. W., Lee K., et al. "Bert: Pre-training of Deep Bidirectional Transformers for Language Understanding".
- Radford A., Narasimhan K., Salimans T., et al. "Improving Language Understanding by Generative Pre-training".
- Radford A., Wu J., Child R., et al. "Language Models Are Unsupervised Multitask Learners".
- Brown T., Mann B., Ryder N., et al. "Language Models Are Few-shot Learners".
- Kingma D. P., Ba J.. "Adam: A Method for Stochastic Optimization".
- Ba J. L., Kiros J. R., Hinton G. E.. "Layer Normalization".

2.3 如何使用 ChatGPT

2.3.1 注册 ChatGPT 账号

GPT 最出名的应用是 ChatGPT。要想使用 ChatGPT，请先访问其官方网站。ChatGPT 官方网站提供了详细的产品介绍、功能列表以及用户案例，可以帮助你了解产品的优势和适用场景。此外，在官方网站上，你还可以查看关于 ChatGPT 的常见问题解答、教程、更新日志等资料，以便让你更全面地了解这款聊天机器人。

关于创建 ChatGPT 账号的方式，网上相关教程有很多，这里不赘述。

首次登录 ChatGPT 时，系统会要求填写用户名、组织名和生日。在登录后，你可以开始体验 ChatGPT 的聊天功能、定制个性化设置并探索其他强大功能。

2.3.2 ChatGPT 操作方法

登录成功后，你将看到 ChatGPT 的主界面。请花些时间熟悉各个功能区域，包括导航栏、消息框以及设置选项等。通过熟悉界面布局，你可以更快地掌握 ChatGPT 的操作方法。

- 新聊天和隐藏侧边栏按钮。在左侧边栏中可以看到一个"新聊天"按钮，你可以随时单击它以开始一段新的对话。ChatGPT 会记住之前的对话内容，并在上下文中做出回应。开始一次新的聊天将创建一个没有上下文的新讨论。
- 聊天记录。左侧边栏还保存了你过去的所有对话，以便在需要时返回。在这里，你可以编辑每个聊天的标题，与他人共享聊天记录或删除聊天记录。
- 账户。单击屏幕左下角的名字，你可以查看账户信息，包括设置、退出选项、获取帮助以及访问来自 OpenAI 的常见问题解答。
- 你的提示。向 AI 聊天机器人发送的问题或提示会在聊天窗口的中间显示，你的账户照片或姓名首字母显示在左侧。
- ChatGPT 的回应。每当 ChatGPT 回应你的查询时，ChatGPT 的 Logo 会出现在左侧。复制、点赞和反对按钮会显示在每条回应的右侧。你可以将文本复制到剪贴板，以便将其粘贴到其他地方，并提供是否准确的反馈。这个过程有助于微调 AI 工具。
- 重新生成回应。如果你在聊天中无法获得回应或未获得满意答案，你可以单击"重新生成回应"按钮，提示 ChatGPT 尝试再次回复新的提示。

- 文本区域。这是你输入提示和问题的地方。

在消息框中输入你想要与 ChatGPT 交流的内容。例如，如果你需要查询某个话题的信息，只须输入相关问题。如果你想要与 ChatGPT 进行轻松的闲聊，可以尝试谈论日常话题。按 Enter 键或单击"发送"按钮，ChatGPT 会即刻回复你的问题或评论。

除了基本聊天功能以外，ChatGPT 还提供了多种实用功能。例如，可以使用 ChatGPT 帮助你管理日程、设置提醒、查找附近的餐厅等。要使用这些功能，请在消息框中输入相应的指令或问题。

为了让 ChatGPT 更符合你的个人喜好和需求，你还可以进行一些定制。例如，你可以调整回复内容的长度、设定关键词过滤以及自定义界面主题等。请尝试探索各项设置选项，打造属于你自己的智能聊天体验。

2.3.3 ChatGPT 使用技巧

我们将探讨在与 ChatGPT 互动时如何获得最佳体验。作为一个基于 GPT 引擎的聊天机器人，ChatGPT 具备强大的语言生成和理解能力。以下是一些建议和技巧，以帮助你更高效地使用 ChatGPT。

1. 提问方式

- 明确具体。尽量明确、具体地提问，这样可以增加你所获得答案的准确性。例如，如果你想了解"阳光合成"这个过程，可以问"请解释光合作用的过程"，而不是只问"告诉我关于阳光"。
- 分步提问。对于复杂问题，分步提问会更有效。通过拆分问题、逐个解决，有助于获取所需信息。例如，要了解 AI 的历史发展，可以先问其起源，接着问早期突破，再询问现代发展等。

2. 调整回答详细程度

- 请求简短或详细回答。根据需要，可以明确要求 ChatGPT 给出简短或详细的回答，例如"简单地解释马尔可夫链"或"详细描述马尔可夫链的原理"。
- 请求概括或列举。有时，你可能需要一个主题的总览，而非深入分析。这种情况下，可以要求 ChatGPT 提供概述或列举关键点，例如"列举五种机器学习算法"或"简要概括深度学习的基本概念"。

3. 回答验证与修正

- 确认答案真实性。尽管 ChatGPT 通常可以提供准确的信息，但它也不是万能的。在重要场景下，建议获取多个来源的信息以进行核实。
- 修正回答。如果 ChatGPT 对你的问题未给出满意或准确的回答，可以尝试重新表达问题，附上更多详细背景信息，或提醒它注意已知事实。

在了解 Transformer 和 GPT 模型的基础知识后，接下来我们通过对文本数据进行处理来加深对基础知识的掌握。

2.4 案例一：文本生成

主流的语言建模主要有两种方案——因果（causal）和遮蔽（masked）。本书演示了因果语言建模。因果语言模型经常用于文本生成。你可以将这些模型用于创造性应用，如选择自己的文本冒险或智能编码助手，如 Copilot 或 CodeParrot。

因果语言建模预测一系列令牌（Token）中的下一个 Token，模型只能关注左侧的 Token。这意味着模型不能看到未来的 Token。GPT-2 是因果语言模型的一个例子。

你可以按照本书中的相同步骤对其他架构进行因果语言建模微调。可选择的架构如下。

```Python
BART、BERT、Bert Generation、BigBird、BigBird-Pegasus、BioGpt、Blenderbot、
BlenderbotSmall、BLOOM、CamemBERT、CodeLlama、CodeGen、CPM-Ant、CTRL、Data2VecText、
ELECTRA、ERNIE、Falcon、Fuyu、GIT、GPT-Sw3、OpenAI GPT-2、GPTBigCode、GPT Neo、GPT
NeoX、GPT NeoX 日语、GPT-J、LLaMA、Marian、mBART、MEGA、Megatron-BERT、Mistral、
Mixtral、MPT、MusicGen、MVP、OpenLlama、OpenAI GPT、OPT、Pegasus、Persimmon、Phi、
PLBart、ProphetNet、QDQBert、Reformer、RemBERT、RoBERTa、RoBERTa-PreLayerNorm、
RoCBert、RoFormer、RWKV、Speech2Text2、Transformer-XL、TrOCR、Whisper、XGLM、XLM、
XLM-ProphetNet、XLM-RoBERTa、XLM-RoBERTa-XL、XLNet、X-MOD
```

2.4.1 初始化

在开始之前，请确保你安装了所有必要的库。示例代码如下。

```Python
pip install transformers datasets evaluate
```

我们鼓励读者登录到 Hugging Face 账户，以便可以上传并与社区共享模型。在出现相关提示时，输入你的 Token 以登录。示例代码如下。

```Python
from huggingface_hub import notebook_login
notebook_login()
```

2.4.2 加载 ELI5 数据集

首先从数据集库加载 r/askscience 子集的 ELI5 数据集的一个较小子集。这将让你有机会进行实验，确保一切正常，然后再花费更多时间在完整数据集上进行训练。示例代码如下。

```Python
from datasets import load_dataset
eli5 = load_dataset("eli5", split="train_asks[:5000]")
```

使用 train_test_split 方法将数据集的 train_asks 分割成训练集和测试集。示例代码如下。

```Python
eli5 = eli5.train_test_split(test_size=0.2)
```

一个示例如下。

```Python
eli5["train"][0]
{'answers': {'a_id': ['c3d1aib', 'c3d4lya'],
 'score': [6, 3],
 'text': ["The velocity needed to remain in orbit is equal to the square root of
Newton's constant times the mass of earth divided by the distance from the center
of the earth. I don't know the altitude of that specific mission, but they're usually
around 300 km. That means he's going 7-8 km/s.\n\nIn space there are no other
forces acting on either the shuttle or the guy, so they stay in the same position
relative to each other. If he were to become unable to return to the ship, he would
presumably run out of oxygen, or slowly fall into the atmosphere and burn up.",
  "Hope you don't mind me asking another question, but why aren't there any
stars visible in this photo?"]},
 'answers_urls': {'url': []},
 'document': '',
 'q_id': 'nyxfp',
 'selftext': '_URL_0_\n\nThis was on the front page earlier and I have a few
questions about it. Is it possible to calculate how fast the astronaut would be
orbiting the earth? Also how does he stay close to the shuttle so that he can
return safely, i.e is he orbiting at the same speed and can therefore stay next
to it? And finally if his propulsion system failed, would he eventually re-enter
the atmosphere and presumably die?',
 'selftext_urls': {'url': ['http://apod.nasa.gov/apod/image/1201/freeflyer_
nasa_3000.jpg']},
 'subreddit': 'askscience',
 'title': 'Few questions about this space walk photograph.',
 'title_urls': {'url': []}}


'''
eli5["train"][0]
{'answers': {'a_id': ['c3d1aib', 'c3d4lya'],
 'score': [6, 3],
 'text': [" 为了保持在轨道上，所需的速度等于牛顿常数的平方根乘以地球质量除以距地球中心的距
离。我不知道那个特定任务的高度，但它们通常在 300km 左右。这意味着他的速度是 7~8km/s。\n\n 在太
空中，没有其他力作用在航天飞机或那个人身上，所以他们保持相对于彼此的同一位置。如果他无法返回飞
船，他可能会耗尽氧气，或慢慢降入大气层并燃烧。",
  " 希望你不介意我再问一个问题，但为什么这张照片中看不到任何星星？"]},
 'answers_urls': {'url': []},
 'document': '',
 'q_id': 'nyxfp',
```

```
'selftext': 'URL_0\n\n 这是今天早些时候的头条新闻，我对此有几个问题。是否有可能计算出宇
航员将以多快的速度绕地球飞行？他是如何靠近航天飞机的，以便能安全返回，即他是以相同的速度绕行，
因此可以留在旁边？最后，如果他的推进系统失效，他是否最终会重新进入大气层并可能死亡？',
'selftext_urls': {'url': ['http://apod.nasa.gov/apod/image/1201/freeflyer_
nasa_3000.jpg']},
'subreddit': 'askscience',
'title': ' 关于这张太空行走照片的几个问题。',
'title_urls': {'url': []}}
'''
```

虽然这看起来内容很多，但你实际上只对文本字段感兴趣。语言建模任务的有趣之处在于你不需要标签（也称为无监督任务），因为模型输入的下一个"词"就是标签。

2.4.3 预处理

下一步是加载 DistilGPT2 分词器来处理文本子字段。示例代码如下。

```Python
from transformers import AutoTokenizer
tokenizer = AutoTokenizer.from_pretrained("distilgpt2")
```

从上面的代码可以看出，文本字段实际上嵌套在 answers 内。这意味着你需要使用 flatten 方法将文本子字段从其嵌套结构中提取出来。示例代码如下。

```Python
eli5 = eli5.flatten()
>>> eli5["train"][0]
{'answers.a_id': ['c3d1aib', 'c3d4lya'],
'answers.score': [6, 3],
'answers.text': ["The velocity needed to remain in orbit is equal to the square
root of Newton's constant times the mass of earth divided by the distance from the
center of the earth. I don't know the altitude of that specific mission, but they're
usually around 300 km. That means he's going 7-8 km/s.\n\nIn space there are no other
forces acting on either the shuttle or the guy, so they stay in the same position
relative to each other. If he were to become unable to return to the ship, he would
presumably run out of oxygen, or slowly fall into the atmosphere and burn up.",
"Hope you don't mind me asking another question, but why aren't there any stars
visible in this photo?"],
'answers_urls.url': [],
'document': '',
'q_id': 'nyxfp',
'selftext': '_URL_0_\n\nThis was on the front page earlier and I have a few
questions about it. Is it possible to calculate how fast the astronaut would be
orbiting the earth? Also how does he stay close to the shuttle so that he can
return safely, i.e is he orbiting at the same speed and can therefore stay next
to it? And finally if his propulsion system failed, would he eventually re-enter
the atmosphere and presumably die?',
```

```
    'selftext_urls.url': ['http://apod.nasa.gov/apod/image/1201/freeflyer_
nasa_3000.jpg'],
  'subreddit': 'askscience',
  'title': 'Few questions about this space walk photograph.',
  'title_urls.url': []}

'''
eli5 = eli5.flatten()
eli5["train"][0]
{'answers.a_id': ['c3dlaib', 'c3d4lya'],
  'answers.score': [6, 3],
  'answers.text': [" 为了保持在轨道上，所需的速度等于牛顿常数的平方根乘以地球质量除以距地
球中心的距离。我不知道那个特定任务的高度，但它们通常在 300km 左右。这意味着他的速度是 7~8km/s。
\n\n 在太空中，没有其他力作用在航天飞机或那个人身上，所以他们保持相对于彼此的同一位置。如果他
无法返回飞船，他可能会耗尽氧气，或慢慢降入大气层并燃烧。",
   " 希望你不介意我再问一个问题，但为什么这张照片中看不到任何星星？ "],
  'answers_urls.url': [],
  'document': '',
  'q_id': 'nyxfp',
  'selftext': 'URL_0\n\n 这是今天早些时候的头条新闻，我对此有几个问题。是否有可能计算出宇
航员将以多快的速度绕地球飞行？ 他是如何靠近航天飞机的，以便能安全返回，即他是以相同的速度绕行，
因此可以留在旁边？ 最后，如果他的推进系统失效，他是否最终会重新进入大气层并可能死亡？ ',
  'selftext_urls.url': ['http://apod.nasa.gov/apod/image/1201/freeflyer_
nasa_3000.jpg'],
  'subreddit': 'askscience',
  'title': ' 关于这张太空行走照片的几个问题。',
  'title_urls.url': []}
'''
```

现在每个子字段都是一个单独的列，如 answers 前缀所示，文本字段现在是一个列表。不
要分别对每个句子进行分词，而是将列表转换为字符串，以便你可以对它们进行联合分词。

如下代码展示了第一步预处理函数，用于连接每个示例的字符串列表并对结果进行分词。

```Python
def preprocess_function(examples):
    return tokenizer([" ".join(x) for x in examples["answers.text"]])
```

要在整个数据集上应用此预处理函数，请使用 Hugging Face 数据集的 map 方法。你可以
通过设置 batched=True 来加速 map 函数，一次处理多个数据集元素，并增加处理数目（num_
proc）。删除你不需要的任何列。示例代码如下。

```Python
tokenized_eli5 = eli5.map(
    preprocess_function,
    batched=True,
    num_proc=4,
    remove_columns=eli5["train"].column_names,
)
```

这个数据集包含了 Token 序列，但其中一些比模型的最大输入长度更长。

你现在可以使用第 2 个预处理函数来连接所有序列，并将连接的序列分割成由 block_size 定义的较短块。其中，block_size 既要短于模型的最大输入长度，又要短于你的 GPURAM（显存）。示例代码如下。

```Python
block_size = 128


def group_texts(examples):
  # Concatenate all texts.
  concatenated_examples = {k: sum(examples[k], []) for k in examples.keys()}
  total_length = len(concatenated_examples[list(examples.keys())[0]])
   # We drop the small remainder, we could add padding if the model supported
it instead of this drop, you can
  # customize this part to your needs.
  if total_length >= block_size:
      total_length = (total_length // block_size) * block_size
  # Split by chunks of block_size.
  result = {
      k: [t[i : i + block_size] for i in range(0, total_length, block_size)]
      for k, t in concatenated_examples.items()
  }
  result["labels"] = result["input_ids"].copy()
  return result
```

在整个数据集上应用 group_texts 函数。示例代码如下。

```Python
lm_dataset = tokenized_eli5.map(group_texts, batched=True, num_proc=4)
```

现在使用 DataCollatorForLanguageModeling 创建一批示例。在批量处理过程中，对每个批次中最长的句子进行动态填充，这比将整个数据集填充至最大长度更为高效。

使用序列结束标记作为填充 Token 并设置 mlm=False。这将使用输入作为右移一个元素的标签。示例代码如下。

```Python
from transformers import DataCollatorForLanguageModeling
tokenizer.pad_token = tokenizer.eos_token
data_collator = DataCollatorForLanguageModeling(tokenizer=tokenizer, mlm=False)
```

2.4.4　训练

现在可以开始训练你的模型了！使用 AutoModelForCausalLM 加载 DistilGPT2。示例代码如下。

```Python
from transformers import AutoModelForCausalLM, TrainingArguments, Trainer
model = AutoModelForCausalLM.from_pretrained("distilgpt2")
```

此时，只剩下如下 3 个步骤。

第 1 步：在 TrainingArguments 中定义训练超参数。唯一需要的参数是 output_dir，它指定了保存模型的位置。你可以通过设置 push_to_hub=True，将此模型推送到 Hub（需要登录到 Hugging Face 才能上传模型）。

第 2 步：将训练参数传递给 Trainer，以及模型、数据集和数据整理器。

第 3 步：调用 train 方法来微调你的模型。

示例代码如下。

```Python
training_args = TrainingArguments(
    output_dir="my_awesome_eli5_clm-model",
    evaluation_strategy="epoch",
    learning_rate=2e-5,
    weight_decay=0.01,
    push_to_hub=True,
)

trainer = Trainer(
    model=model,
    args=training_args,
    train_dataset=lm_dataset["train"],
    eval_dataset=lm_dataset["test"],
    data_collator=data_collator,
)

trainer.train()
```

训练完成后，使用 evaluate 方法评估你的模型并获取其困惑度（Perplexity）。示例代码如下。

```Python
import math

eval_results = trainer.evaluate()
print(f"Perplexity: {math.exp(eval_results['eval_loss']):.2f}")
```

然后使用 push_to_hub 方法将模型分享到 Hub，这样每个人都可以使用你的模型。示例代码如下。

```Python
trainer.push_to_hub()
```

2.4.5　推理

现在你已经微调了一个模型，可以用它来进行推断！

想出一个你想从中生成文本的提示。示例代码如下。

```Python
prompt = "Somatic hypermutation allows the immune system to"
# prompt = "体细胞超变异允许免疫系统"
```

当我们想尝试使用微调模型进行推理时，最简单的方法是在 pipeline 方法中使用它。使用你的模型实例化一个文本生成 pipeline，并将你的文本传递给它。示例代码如下。

```Python
from transformers import pipeline

generator = pipeline("text-generation", model="my_awesome_eli5_clm-model")
generator(prompt)
# [{'generated_text': "Somatic hypermutation allows the immune system to be
able to effectively reverse the damage caused by an infection.\n\n\nThe damage
caused by an infection is caused by the immune system's ability to perform its
own self-correcting tasks."}]
# [{'generated_text': "体细胞超变异允许免疫系统能够有效地逆转感染造成的损害。\n\n\n
感染造成的损害是由免疫系统执行其自我修正任务的能力造成的。"}]
```

对文本进行分词并将 input_ids 作为 PyTorch 张量返回。示例代码如下。

```Python
from transformers import AutoTokenizer
tokenizer = AutoTokenizer.from_pretrained("my_awesome_eli5_clm-model")
inputs = tokenizer(prompt, return_tensors="pt").input_ids
```

使用 generate 方法生成文本。示例代码如下。

```Python
from transformers import AutoModelForCausalLM
model = AutoModelForCausalLM.from_pretrained("my_awesome_eli5_clm-model")
outputs = model.generate(inputs, max_new_tokens=100, do_sample=True, top_k=50,
top_p=0.95)
```

将生成的 Token id 解码回文本。示例代码如下。

```Python
tokenizer.batch_decode(outputs, skip_special_tokens=True)
# ["Somatic hypermutation allows the immune system to react to drugs with the
ability to adapt to a different environmental situation. In other words, a system
of 'hypermutation' can help the immune system to adapt to a different environmental
situation or in some cases even a single life. In contrast, researchers at the
University of Massachusetts-Boston have found that 'hypermutation' is much stronger
in mice than in humans but can be found in humans, and that it's not completely
unknown to the immune system. A study on how the immune system"]
# ["体细胞超变异允许免疫系统对药物产生反应，具有适应不同环境情况的能力。换句话说，'超变
异'系统可以帮助免疫系统适应不同的环境情况，甚至在某些情况下适应单一生命。相比之下，马萨诸塞大
学波士顿分校的研究人员发现，'超变异'在小鼠中比在人类中更强，但在人类中也可以发现，这对免疫系
统来说并不是完全未知的。关于免疫系统如何"]
```

2.5 案例二：文本总结

在这个指南中，我们将一起探索文本摘要的技巧和秘密。想象一下，你有一大堆文档或文章，需要快速了解其要点，这时就可以使用文本摘要。文本摘要技术是 NLP 领域的一个重要分支，它涵盖了从长文本中提取关键信息的各种方法。这些方法大致分为两类：提取式摘要和生成式摘要。提取式摘要侧重于从原文中挑选出关键句子，而生成式摘要则重构信息，产生全新的文本内容。

2.5.1 安装

我们建议你使用 jupyterlab 来运行下面的代码（或者 Google Colab）。你可能需要安装 Hugging Face 的 transformers 库和 Datasets 库以及其他依赖项。当然，也可以在 Python 环境中运行如下代码。

```Python
#! pip install datasets evaluate transformers rouge-score nltk
```

为了能够与社区分享你的模型，并通过推理 API 生成图 2-5 所示的结果，你还需要遵循一些其他步骤。

图 2-5 Hugging Face 公开 API 界面

首先，从 Hugging Face 网站（如果还没有注册，请先注册）获取身份验证 Token，然后执行以下代码并输入用户名和密码。

```Python
from huggingface_hub import notebook_login
notebook_login()
```

接下来，安装 Git-LFS，之后在终端中运行以下命令。

```Shell
apt install git-lfs
```

确保 transformers 库版本至少为 4.11.0。示例代码如下。

```Python
import transformers

print(transformers.__version__)
# 4.11.0
```

接下来我们将看到如何对 Hugging Face 的 transformers 库进行微调，以进行总结任务。我们将使用 XSum 数据集（其中包含 BBC 文章和单句总结）在总结任务上进行模型训练。使用 Hugging Face 的 Datasets 库，我们能够非常简单地加载此任务的数据集；在 Hugging Face 的框架下，我们还会使用 Trainer API 对模型进行微调。

本教程的代码可以加载 Hugging Face 的 Model Hub 中任何模型的 checkpoint（检查点），只要该模型在 transformers 库中有对应的版本即可。这里将 t5-small checkpoint 作为样例。

```Python
model_checkpoint = "t5-small"
```

2.5.2　加载数据集

我们将使用 Hugging Face 的 Datasets 库下载数据并获取评估所需的度量标准（与基准模型进行比较）。这可以通过 load_dataset 或 load_metric 函数轻松完成这项任务。示例代码如下。

```Python
from datasets import load_dataset
from evaluate import load
raw_datasets = load_dataset("xsum")
metric = load("rouge")
```

运行上述代码，弹出如下警告信息。

```
/home/tiger/.local/lib/python3.9/site-packages/datasets/load.py:1429:
FutureWarning: The repository for xsum contains custom code which must be
executed to correctly load the dataset.
Passing `trust_remote_code=True` will be mandatory to load this dataset from
the next major release of `datasets`.
warnings.warn(...
The dataset object itself is DatasetDict, which contains one key for the
training, validation and test set:
```

我们可以通过如下代码检查数据集里面的元素。

```Python
raw_datasets
```

运行上述代码，输出如下。

```
DatasetDict({
    train: Dataset({
        features: ['document', 'summary', 'id'],
        num_rows: 204045
    })
    validation: Dataset({
        features: ['document', 'summary', 'id'],
        num_rows: 11332
    })
    test: Dataset({
        features: ['document', 'summary', 'id'],
        num_rows: 11334
    })
})
```

可以发现数据集对象本身是 DatasetDict，包含训练、验证和测试集 3 个键（key）。

为了访问实际元素，需要先选择 raw_datasets 的一个键，然后给出一个索引，例如 1。示例代码如下。

```
Python
raw_datasets["train"][1]
```

运行上述代码，输出如下。

```
{'document': 'A fire alarm went off at the Holiday Inn in Hope Street at
about 04:20 BST on Saturday and guests were asked to leave the hotel.\nAs
they gathered outside they saw the two buses, parked side-by-side in the car
park, engulfed by flames.\nThe driver of one of the buses said many of the
passengers had left personal belongings on board and these had been destroyed.\
nBoth groups have organised replacement coaches and will begin their tour of the
north coast later than they had planned.\nPolice have appealed for information
about the attack.\nInsp David Gibson said: "It appears as though the fire started
under one of the buses before spreading to the second.\n"While the exact cause is
still under investigation, it is thought that the fire was started deliberately."',
    'summary': 'Two tourist buses have been destroyed by fire in a suspected arson
attack in Belfast city centre.',
    'id': '40143035'}
```

为了展示一些数据，我们可以使用如下函数随机显示数据集中的一些示例。

```
Python
import datasets
import random
import pandas as pd
from IPython.display import display, HTML

def show_random_elements(dataset, num_examples=5):
```

```
    assert num_examples <= len(dataset), "Can't pick more elements than there
are in the dataset."
    picks = []
    for _ in range(num_examples):
        pick = random.randint(0, len(dataset)-1)
        while pick in picks:
            pick = random.randint(0, len(dataset)-1)
        picks.append(pick)

    df = pd.DataFrame(dataset[picks])
    for column, typ in dataset.features.items():
        if isinstance(typ, datasets.ClassLabel):
            df[column] = df[column].transform(lambda i: typ.names[i])
    display(HTML(df.to_html()))
```

训练之前我们还需要选择一个评测器, 示例代码如下。

```
Python
metric
```

运行上述代码, 输出如下。

```
EvaluationModule(name: "rouge", module_type: "metric", features:
[{'predictions': Value(dtype='string', id='sequence'), 'references': Sequence
(feature=Value(dtype='string', id='sequence'), length=-1, id=None)},
{'predictions': Value(dtype='string', id='sequence'), 'references':
Value(dtype='string', id='sequence')}], usage: """
Calculates average rouge scores for a list of hypotheses and references
Args:
    predictions: list of predictions to score. Each prediction
        should be a string with tokens separated by spaces.
    references: list of reference for each prediction. Each
        reference should be a string with tokens separated by spaces.
    rouge_types: A list of rouge types to calculate.
        Valid names:
            `"rouge{n}"` (e.g. `"rouge1"`, `"rouge2"`) where: {n} is the n-gram
based scoring,
            `"rougeL"`: Longest common subsequence based scoring.
            `"rougeLsum"`: rougeLsum splits text using `"
"`.
            See details in https://github.com/huggingface/datasets/issues/617
    use_stemmer: Bool indicating whether Porter stemmer should be used to strip
word suffixes.
    use_aggregator: Return aggregates if this is set to True
Returns:
    rouge1: rouge_1 (f1),
    rouge2: rouge_2 (f1),
    rougeL: rouge_1 (f1),
```

```
    rougeLsum: rouge_lsum (f1)
Examples:

    >>> rouge = evaluate.load('rouge')
    >>> predictions = ["hello there", "general kenobi"]
    >>> references = ["hello there", "general kenobi"]
    >>> results = rouge.compute(predictions=predictions, references=references)
    >>> print(results)
    {'rouge1': 1.0, 'rouge2': 1.0, 'rougeL': 1.0, 'rougeLsum': 1.0}
""", stored examples: 0)
```

可以看到，此次使用的评测器是一种 datasets.Metric。

我们可以调用 metric 对象的 compute 方法对模型的预测和数据集中的标签进行计算，以获得指标，示例代码如下。

```Python
fake_preds = ["hello there", "general kenobi"]
fake_labels = ["hello there", "general kenobi"]
metric.compute(predictions=fake_preds, references=fake_labels)
```

运行上述代码，输出如下。

```
{'rouge1': 1.0, 'rouge2': 1.0, 'rougeL': 1.0, 'rougeLsum': 1.0}
```

2.5.3　预处理数据

接下来我们将上面的文本内容输入模型。在将这些文本输入到模型之前，需要对它们进行预处理，这个过程可以通过 transformers 库的 tokenizer 完成。正如名称分词器（tokenizer）所示，分词器将对输入的单词进行 ID 化，包括将单词转换为预训练词表中的相应 ID，之后我们就能将这些代表单词的数字输入到模型中；随后模型也能生成 ID，最后被转化成单词变为人们能够阅读的输出（单词）。

为了做到这一点，使用 AutoTokenizer.from_pretrained 方法实例化我们的分词器，这将确保：
● 得到的分词器与我们想要使用的模型架构相对应；
● 我们下载了在预训练此特定 checkpoint 时使用的词表。
由于该词表将被缓存，因此下次运行代码时不会再次下载。示例代码如下。

```Python
from transformers import AutoTokenizer
tokenizer = AutoTokenizer.from_pretrained(model_checkpoint)
```

默认情况下，上面的代码会调用来自 transformers 库的 tokenizer 快速分词器（由 Rust 支持）。你可以直接对一个句子或一对句子调用这个分词器。示例代码如下。

```Python
tokenizer("Hello, this one sentence!")
```

运行上述代码，输出如下。

```
{'input_ids': [8774, 6, 48, 80, 7142, 55, 1], 'attention_mask': [1, 1, 1, 1, 1, 1, 1]}
```

根据你选择的模型，上面的代码会返回不一样的 ID。这部分细节对我们在这里所做的事情不太重要（只须知道它们是我们稍后将要实例化的模型所需的）。

我们可以传递一系列句子，而不是一个句子。示例代码如下。

```Python
tokenizer(["Hello, this one sentence!", "This is another sentence."])
```

运行上述代码，输出如下。

```
{'input_ids': [[8774, 6, 48, 80, 7142, 55, 1], [100, 19, 430, 7142, 5, 1]],
'attention_mask': [[1, 1, 1, 1, 1, 1, 1], [1, 1, 1, 1, 1, 1]]}
```

为了后续对 tokenizer 函数加入更多参数，所以使用 text_target 参数传入需要分词的句子数组，而不是像之前使用默认方式进行传参（而不使用 text_target 作为显式参数）。示例代码如下。

```Python
print(tokenizer(text_target=["Hello, this one sentence!", "This is another
sentence."]))
```

运行上述代码，输出如下。

```
{'input_ids': [[8774, 6, 48, 80, 7142, 55, 1], [100, 19, 430, 7142, 5, 1]],
'attention_mask': [[1, 1, 1, 1, 1, 1, 1], [1, 1, 1, 1, 1, 1]]}
```

如果你正在使用 T5 的 5 个 checkpoint（["t5-small", "t5-base", "t5-larg", "t5-3b", "t5-11b"]）之一，我们必须在输入前加上"summarize:"前缀（因为该模型也可以用于其他任务，比如翻译，所以需要前缀来表示它必须执行哪个任务）。示例代码如下。

```Python
if model_checkpoint in ["t5-small", "t5-base", "t5-larg", "t5-3b", "t5-11b"]:
    prefix = "summarize: "
else:
    prefix = ""
```

然后我们可以编写预处理样本的函数。我们只须将它们喂给分词器，参数为`truncation=True`。这将确保如果输入的 ID 长度比"模型接受的最大长度"长，那么输入将被截断为"模型接受的最大长度"。稍后在数据整理器中将会运行填充逻辑（padding），填充逻辑会将 ID 填充到批次（batch）中的最长长度，而不是整个数据集最长长度。示例代码如下。

```Python
max_input_length = 1024
max_target_length = 128
```

```
def preprocess_function(examples):
    inputs = [prefix + doc for doc in examples["document"]]
    model_inputs = tokenizer(inputs, max_length=max_input_length,
truncation=True)
    # 设置目标的分词器
    labels = tokenizer(text_target=examples["summary"], max_length=max_target_
length, truncation=True)
    model_inputs["labels"] = labels["input_ids"]return model_inputs
```

preprocess_function 函数适用于一个或多个示例。在多个示例的情况下，分词器将为每个键返回一个列表的列表。示例代码如下。

```Python
Python
preprocess_function(raw_datasets['train'][:2])
```

运行上述代码，输出如下。

```
{'input_ids': [[21603, 10, 37, 423, 583, 13, 1783, 16, 20126, 16496, 6, 80,
13, 8, 844, 6025, 4161, 6, 19, 341, 271, 14841, 5, 7057, 161, 19, 4912, 16, 1626,
5981, 11, 186, 7540, 16, 1276, 15, 2296, 7, 5718, 2367, 14621, 4161, 57, 4125,
387, 5, 15059, 7, 30, 8, 4653, 4939, 711, 747, 522, 17879, 788, 12, 1783, 44, 8,
15763, 6029, 1813, 9, 7472, 5, 1404, 1623, 11, 5699, 277, 130, 4161, 57, 18368,
16, 20126, 16496, 227, 8, 2473, 5895, 15, 147, 89, 22411, 139, 8, 1511, 5, 1485,
3271, 3, 21926, 9, 472, 19623, 5251, 8, 616, 12, 15614, 8, 1783, 5, 37, 13818,
10564, 15, 26, 3, 9, 3, 19513, 1481, 6, 18368, 186, 1328, 2605, 30, 7488, 1887,
3, 18, 8, 711, 2309, 9517, 89, 355, 5, 3966, 1954, 9233, 15, 6, 113, 293, 7, 8,
16548, 13363, 106, 14022, 84, 47, 14621, 4161, 6, 243, 255, 228, 59, 7828, 8,
1249, 18, 545, 11298, 1773, 728, 8, 8347, 1560, 5, 611, 6, 255, 243, 72, 1709,
1528, 161, 228, 43, 118, 4006, 91, 12, 766, 8, 3, 19513, 1481, 410, 59, 5124, 5,
96, 196, 17, 19, 1256, 68, 27, 103, 317, 132, 19, 78, 231, 23546, 21, 970, 51,
89, 2593, 11, 8, 2504, 189, 3, 18, 11, 27, 3536, 3653, 24, 3, 18, 68, 34, 19,
966, 114, 62, 31, 60, 23708, 42, 11821, 976, 255, 243, 5, 96, 11880, 164, 59,
36, 1176, 68, 34, 19, 2361, 82, 3503, 147, 8, 336, 360, 477, 5, 96, 17891, 130,
25, 59, 1065, 12, 199, 178, 3, 9, 720, 72, 116, 8, 6337, 11, 8, 6196, 5685, 7,
141, 2767, 91, 4609, 7940, 6, 3, 9, 8347, 5685, 3048, 16, 286, 640, 8, 17600, 7,
250, 13, 8, 3917, 3412, 5, 1276, 15, 2296, 7, 47, 14621, 1560, 57, 982, 6, 13233,
53, 3088, 12, 4277, 72, 13613, 7, 16, 8, 616, 5, 12580, 17600, 7, 2063, 65, 474,
3, 9, 570, 30, 165, 475, 13, 8, 7540, 6025, 4161, 11, 3863, 43, 118, 3, 19492,
59, 12, 9751, 12493, 3957, 5, 37, 16117, 3450, 31, 7, 21108, 12580, 2488, 5104,
11768, 1306, 47, 16, 1626, 5981, 30, 2089, 12, 217, 8, 1419, 166, 609, 5, 216,
243, 34, 47, 359, 12, 129, 8, 8347, 1711, 515, 269, 68, 3, 9485, 3088, 12, 1634,
95, 8, 433, 5, 96, 196, 47, 882, 1026, 3, 9, 1549, 57, 8, 866, 13, 1783, 24, 65,
118, 612, 976, 3, 88, 243, 5, 96, 14116, 34, 19, 842, 18, 18087, 21, 151, 113,
43, 118, 5241, 91, 13, 70, 2503, 11, 8, 1113, 30, 1623, 535, 216, 243, 34, 47,
359, 24, 96, 603, 5700, 342, 2245, 121, 130, 1026, 12, 1822, 8, 844, 167, 9930,
11, 3, 9, 964, 97, 3869, 474, 16, 286, 21, 8347, 9793, 1390, 5, 2114, 25, 118,
4161, 57, 18368, 16, 970, 51, 89, 2593, 11, 10987, 32, 1343, 42, 8, 17600, 7,
58, 8779, 178, 81, 39, 351, 13, 8, 1419, 11, 149, 34, 47, 10298, 5, 8601, 178,
30, 142, 40, 157, 12546, 5, 15808, 1741, 115, 115, 75, 5, 509, 5, 1598, 42, 146,
51, 89, 2593, 1741, 115, 115, 75, 5, 509, 5, 1598, 5, 1]], [21603, 10, 71, 1472,
```

6196, 877, 326, 44, 8, 9108, 86, 29, 16, 6000, 1887, 44, 81, 11484, 10, 1755,
272, 4209, 30, 1856, 11, 2554, 130, 1380, 12, 1175, 8, 1595, 5, 282, 79, 3, 9094,
1067, 79, 1509, 8, 192, 14264, 6, 3, 16669, 596, 18, 969, 18, 1583, 16, 8, 443,
2447, 6, 3, 35, 6106, 19565, 57, 12314, 7, 5, 555, 13, 8, 1552, 1637, 19, 45,
3434, 6, 8, 119, 45, 1473, 11, 14441, 5, 94, 47, 70, 166, 706, 16, 5961, 5316,
5, 37, 2535, 13, 80, 13, 8, 14264, 243, 186, 13, 8, 9234, 141, 646, 525, 12770,
7, 30, 1476, 11, 175, 141, 118, 10932, 5, 2867, 1637, 43, 13666, 3709, 11210,
11, 56, 1731, 70, 1552, 13, 8, 3457, 4939, 865, 145, 79, 141, 4355, 5, 5076, 43,
3958, 15, 26, 21, 251, 81, 8, 3211, 5, 86, 7, 102, 1955, 24723, 243, 10, 96, 196,
17, 3475, 38, 713, 8, 1472, 708, 365, 80, 13, 8, 14264, 274, 16436, 12, 8, 511,
5, 96, 27674, 8, 2883, 1137, 19, 341, 365, 4962, 6, 34, 19, 816, 24, 8, 1472, 47,
708, 24067, 535, 1]], 'attention_mask': [[1, 1, 1, 1, 1, 1, 1, 1, 1, 1, 1, 1, 1,
1, 1, 1, 1, 1, 1, 1, 1, 1, 1, 1, 1, 1, 1, 1, 1, 1, 1, 1, 1, 1, 1, 1, 1, 1, 1, 1,
1, 1, 1, 1, 1, 1, 1, 1, 1, 1, 1, 1, 1, 1, 1, 1, 1, 1, 1, 1, 1, 1, 1, 1, 1, 1, 1,
1, 1, 1, 1, 1, 1, 1, 1, 1, 1, 1, 1, 1, 1, 1, 1, 1, 1, 1, 1, 1, 1, 1, 1, 1, 1, 1,
1, 1, 1, 1, 1, 1, 1, 1, 1, 1, 1, 1, 1, 1, 1, 1, 1, 1, 1, 1, 1, 1, 1, 1, 1, 1, 1,
1, 1, 1, 1, 1, 1, 1, 1, 1, 1, 1, 1, 1, 1, 1, 1, 1, 1, 1, 1, 1, 1, 1, 1, 1, 1, 1,
1, 1, 1, 1, 1, 1, 1, 1, 1, 1, 1, 1, 1, 1, 1, 1, 1, 1, 1, 1, 1, 1, 1, 1, 1, 1, 1,
1, 1, 1, 1, 1, 1, 1, 1, 1, 1, 1, 1, 1, 1, 1, 1, 1, 1, 1, 1, 1, 1, 1, 1, 1, 1, 1,
1, 1, 1, 1, 1, 1, 1, 1, 1, 1, 1, 1, 1, 1, 1, 1, 1, 1, 1, 1, 1, 1, 1, 1, 1, 1, 1,
1, 1, 1, 1, 1, 1, 1, 1, 1, 1, 1, 1, 1, 1, 1, 1, 1, 1, 1, 1, 1, 1, 1, 1, 1, 1, 1,
1, 1, 1, 1, 1, 1, 1, 1, 1, 1, 1, 1, 1, 1, 1, 1, 1, 1, 1, 1, 1, 1, 1, 1, 1, 1, 1,
1, 1, 1, 1, 1, 1, 1, 1, 1, 1, 1, 1, 1, 1, 1, 1, 1, 1, 1, 1, 1, 1, 1, 1, 1, 1, 1,
1, 1, 1, 1, 1, 1, 1, 1, 1, 1, 1, 1, 1, 1, 1, 1, 1, 1, 1, 1, 1, 1, 1, 1, 1, 1, 1,
1, 1, 1, 1, 1, 1, 1, 1, 1, 1, 1, 1, 1, 1, 1, 1, 1, 1, 1, 1, 1, 1, 1, 1, 1, 1, 1,
1, 1, 1, 1, 1, 1, 1, 1, 1, 1, 1, 1, 1, 1, 1, 1, 1, 1, 1, 1, 1, 1, 1, 1, 1, 1, 1,
1, 1, 1, 1, 1, 1, 1, 1, 1, 1, 1, 1, 1, 1, 1, 1, 1, 1, 1, 1, 1, 1, 1, 1, 1, 1, 1,
1, 1, 1, 1, 1, 1, 1, 1, 1, 1, 1, 1, 1, 1, 1, 1, 1, 1, 1, 1, 1, 1, 1, 1, 1, 1, 1,
1, 1, 1, 1, 1, 1, 1, 1, 1, 1, 1, 1, 1, 1], [1, 1, 1, 1, 1, 1, 1, 1, 1, 1, 1, 1, 1,
1, 1, 1, 1, 1, 1, 1, 1, 1, 1, 1, 1, 1, 1, 1, 1, 1, 1, 1, 1, 1, 1, 1, 1, 1, 1, 1,
1, 1, 1, 1, 1, 1, 1, 1, 1, 1, 1, 1, 1, 1, 1, 1, 1, 1, 1, 1, 1, 1, 1, 1, 1, 1, 1,
1, 1, 1, 1, 1, 1, 1, 1, 1, 1, 1, 1, 1, 1, 1, 1, 1, 1, 1, 1, 1, 1, 1, 1, 1, 1, 1,
1, 1, 1, 1, 1, 1, 1, 1, 1, 1, 1, 1, 1, 1, 1, 1, 1, 1, 1, 1, 1, 1, 1, 1, 1, 1, 1,
1, 1, 1, 1, 1, 1, 1, 1, 1, 1, 1, 1, 1, 1, 1, 1, 1, 1, 1, 1, 1, 1, 1, 1, 1, 1, 1,
1, 1, 1, 1, 1, 1, 1, 1, 1, 1, 1, 1, 1, 1, 1, 1, 1, 1, 1, 1, 1]], 'labels': [[7433,
18, 413, 2673, 33, 6168, 640, 8, 12580, 17600, 7, 11, 970, 51, 89, 2593, 11,
10987, 32, 1343, 227, 18368, 2953, 57, 16133, 4937, 5, 1], [2759, 8548, 14264,
43, 118, 10932, 57, 1472, 16, 3, 9, 18024, 1584, 739, 3211, 16, 27874, 690, 2050,
5, 1]]}

如果要将此函数应用于我们之前创建的数据集对象中的所有句子对，我们只须使用 dataset 对象的 map 方法。这将在数据集所有分割中的所有元素上应用该函数，因此我们的训练、验证和测试数据将通过这一条命令完成预处理。示例代码如下。

```Python
tokenized_datasets = raw_datasets.map(preprocess_function, batched=True)
```

运行上述代码，输出如下。

```
Using bos_token, but it is not set yet.
Using sep_token, but it is not set yet.
Using cls_token, but it is not set yet.
Using mask_token, but it is not set yet.
```

通常，Datasets库会自动缓存结果，以避免下次运行同样的数据处理代码时在此步骤上花费时间。其中的原理是：Datasets库通常足够智能，能够检测到你传递给map的函数是否已更改（如果更改，则不使用缓存数据）；例如，如果你更改了前面数据集的代码并重新运行笔记本，它会正确检测到。Datasets库在使用缓存文件时会警告你，如果你不希望使用缓存，可以在map调用中传递load_from_cache_file=False以不使用缓存文件，并再次运行预处理逻辑。

请注意，我们传递了batched=True来统一批量编码文本。这是为了充分利用我们之前加载的快速分词器的优势，该分词器将使用多线程同时处理批次中的文本。

2.5.4 微调模型

现在，数据已经准备好，我们可以下载预训练的模型并对其进行微调。由于我们需要处理的是序列预测序列的任务，所以使用AutoModelForSeq2SeqLM类即可完成。就像分词器一样，from_pretrained方法将为我们下载和缓存模型。示例代码如下。

```Python
from transformers import AutoModelForSeq2SeqLM, DataCollatorForSeq2Seq,
Seq2SeqTrainingArguments, Seq2SeqTrainer
model = AutoModelForSeq2SeqLM.from_pretrained(model_checkpoint)
```

要实例化Seq2SeqTrainer，还需要定义以下3个对象。

- **Seq2SeqTrainingArguments**。这是一个包含所有自定义训练属性的类。它的参数里必须包含一个文件夹名称，该名称将用于保存模型的checkpoint，所有其他参数都是可选的。在这里，我们按如下方式设置其他参数：每个时期结束时进行评估，调整学习率为2e-5，使用之前定义的batch_size并自定义权重衰减为0.01。此外，由于Seq2SeqTrainer会定期保存模型，而我们的数据集相当大，所以我们告诉它最多保存3次。接下来，我们使用predict_with_generate选项（正确生成摘要）并激活混合精度训练（以便稍微快一些）。最后一个参数push_to_hub让我们可以在训练期间定期将模型推送到Hugging Face Hub。示例代码如下。

```Python
batch_size = 16
model_name = model_checkpoint.split("/")[-1]
args = Seq2SeqTrainingArguments(f"{model_name}-finetuned-xsum",
  evaluation_strategy = "epoch",
  learning_rate=2e-5,
```

```
        per_device_train_batch_size=batch_size,
        per_device_eval_batch_size=batch_size,
        weight_decay=0.01,
        save_total_limit=3,
        num_train_epochs=1,
        predict_with_generate=True,
        fp16=True,
        push_to_hub=True,
    )
```

- **DataCollatorForSeq2Seq**。我们需要一个特殊类型的数据整理器，它不仅会将输入填充到批次中的最大长度，还会在训练中返回标签。示例代码如下。

```Python
data_collator = DataCollatorForSeq2Seq(tokenizer, model=model)
```

- **compute_metrics**。此函数帮助我们从模型的预测中度量指标。我们需要为此定义一个函数，它将仅使用我们之前加载的度量标准（metric），同时在这个函数中，我们还会做一些预处理来将预测的 **ID** 变为可阅读的文本。示例代码如下。

```Python
import nltk
import numpy as np


def compute_metrics(eval_pred):
    predictions, labels = eval_pred
    decoded_preds = tokenizer.batch_decode(predictions, skip_special_
tokens=True) # 替换标签中的 -100，因为我们无法解码它们
    labels = np.where(labels != -100, labels, tokenizer.pad_token_id)
    decoded_labels = tokenizer.batch_decode(labels, skip_special_tokens=True)
    # Rouge 期望每个句子后有一个换行符
    decoded_preds = ["\n".join(nltk.sent_tokenize(pred.strip())) for pred in
decoded_preds]
    decoded_labels = ["\n".join(nltk.sent_tokenize(label.strip())) for label in
decoded_labels]
    # 请注意，其他度量可能没有 `use_aggregator` 参数
    # 因此将返回一个列表，为每个句子计算一个度量
    result = metric.compute(predictions=decoded_preds, references=decoded_
labels, use_stemmer=True, use_aggregator=True) # 提取一些结果
    result = {key: value * 100 for key, value in result.items()}
    # 添加平均生成长度
    prediction_lens = [np.count_nonzero(pred != tokenizer.pad_token_id) for pred
in predictions]
    result["gen_len"] = np.mean(prediction_lens)
    return {k: round(v, 4) for k, v in result.items()}
```

然后我们只须将所有这些函数和对象与我们的数据集一起传递给 Seq2SeqTrainer。示例代码如下。

```Python
trainer = Seq2SeqTrainer(
  model,
  args,
  train_dataset=tokenized_datasets["train"],
  eval_dataset=tokenized_datasets["validation"],
  data_collator=data_collator,
  tokenizer=tokenizer,
  compute_metrics=compute_metrics
)
```

现在可以通过调用 train 方法对模型进行微调。示例代码如下。

```Python
pythonCopy code
trainer.train()
```

运行上述代码，输出如下。

```
[12753/12753 1:21:48, Epoch 1/1]
```

Epoch	Training Loss	Validation Loss	Rouge1	Rouge2	Rougel	Rougelsum	Gen Len	Runtime	Samples Per Second
1	2.7211	2.479327	28.3009	7.7211	22.243	22.2496	18.8225	326.3338	34.725

2.5.5 推理

想出一些你想要总结的文本。对于 T5，你需要根据自己正在处理的任务为输入添加前缀。示例代码如下。

```Python
text = "summarize: The Inflation Reduction Act lowers prescription drug costs,
health care costs, and energy costs. It's the most aggressive action on tackling
the climate crisis in American history, which will lift up American workers and
create good-paying, union jobs across the country. It'll lower the deficit and ask
the ultra-wealthy and corporations to pay their fair share. And no one making
under $400,000 per year will pay a penny more in taxes."
```

尝试你微调的模型进行推理的最简单方法是在 pipeline 中使用它。用你的模型实例化一个用于总结的 pipeline，并将你的文本传递给它。你可以选择传递一个本地的下面演示的最简单的加载形式。示例代码如下。

```Python
from transformers import pipeline

summarizer = pipeline("summarization", model="stevhliu/my_awesome_billsum_
model")
summarizer(text)
```

如果要加载本地训练的模型，可使用下面的代码（注意将 model_path 改成训练好的模型地址）。

```Python
from transformers import pipeline
model_path = "/path/to/your/local/model"
summarizer = pipeline("summarization", model=model_path)
summary = summarizer(text)
```

将文本标记化并将 input_ids 作为 PyTorch 张量返回。示例代码如下。

```Python
from transformers import AutoTokenizer
tokenizer = AutoTokenizer.from_pretrained("stevhliu/my_awesome_billsum_model")
inputs = tokenizer(text, return_tensors="pt").input_ids
```

使用 generate 方法创建总结。有关不同文本生成策略和控制生成的参数的更多详细信息，请查看 Hugging Face 上关于文本生成 API 的内容。示例代码如下。

```Python
from transformers import AutoModelForSeq2SeqLM
model = AutoModelForSeq2SeqLM.from_pretrained("stevhliu/my_awesome_billsum_
model")
outputs = model.generate(inputs, max_new_tokens=100, do_sample=False)
```

将生成的标记 ID 解码回文本。示例代码如下。

```Python
tokenizer.decode(outputs[0], skip_special_tokens=True)
```

运行上述代码，输出如下。

```
'the inflation reduction act lowers prescription drug costs, health care costs,
and energy costs. it's the most aggressive action on tackling the climate crisis
in american history. it will ask the ultra-wealthy and corporations to pay their
fair share.'
```

这样，你就可以使用微调后的模型来进行文本总结的推理了。

2.6 案例三：文本分类

文本分类是 NLP 领域的一项基本任务，它的核心目标是根据给定的文本内容，将其分配到一个或多个预先定义好的类别。在现实生活中，我们会发现很多应用场景都与文本分类息息相关。例如，在社交媒体平台上对用户评论进行情感分析，以判断评论者对某个产品、服务或话题的态度（正面、负面或中立）；又如检测电子邮件是否为垃圾邮件，从而保护用户免受不必要的干扰；还有对新闻报道、论坛讨论等文章进行主题识别，以便于用户快速获取感兴趣的信息。

随着互联网科技和人工智能技术的迅猛发展，海量的文本数据呈现爆炸式增长，这为自动化文本分类技术提出了更高的需求。传统的基于规则和模板的文本分类方法已经无法满足大规模、高效率和实时性的需求。因此，近年来，机器学习和深度学习技术在文本分类领域得到广泛应用。通过构建合适的模型，训练大量标注的数据，计算机可以自动地学习文本和类别之间的映射关系，从而实现对未知文本的分类。

目前，很多文本分类任务采用了一些经典的机器学习算法，如朴素贝叶斯、支持向量机等。这些算法在一定程度上提高了文本分类的准确性和速度。然而，在处理复杂语言模型和长距离依赖关系时，这些方法仍存在局限性。

近年来，随着深度学习技术的发展，诸如卷积神经网络和循环神经网络等深度学习模型在文本分类领域取得了显著成果。特别是 Transformer 模型的出现，使 NLP 领域实现了一个重要的突破。

本节将重点介绍 Transformer 模型及 transformers 库的应用。通过深入剖析 Transformer 模型的原理和结构，以及在实际场景中的具体操作过程，帮助读者更好地理解和掌握文本分类技术，并为相关研究和应用提供借鉴。

2.6.1　transformers 库

transformers 库为研究人员和工程师提供了一系列预训练模型，如 BERT、GPT-2、RoBERTa 等，并集成了与这些模型相关的各种工具。用户可以利用 transformers 库快速完成文本分类、生成、翻译等多种任务。在本小节中，我们将介绍 transformers 库的特点、安装方法及使用方式。

transformers 库具有以下几个显著特点和优势。

- 丰富的预训练模型。transformers 库包含许多知名的预训练模型，如 BERT、GPT-2、RoBERTa 等，覆盖各种不同的 NLP 任务。用户可以根据需求选择合适的模型进行微调或直接使用。
- 易用性。transformers 库提供了简洁的 API 接口，方便用户快速实现模型的加载、预处理、训练、评估等操作。对于初学者和专家来说，都能轻松上手。
- 高度可定制化。transformers 库支持用户自定义模型结构、数据集、损失函数等组件，满足各种实际应用场景的需求。
- 与其他深度学习框架集成。transformers 库兼容主流的深度学习框架，如 PyTorch 和 TensorFlow，用户可以根据自己的熟悉程度选择合适的框架进行开发。

要安装 transformers 库，只需在命令行中运行以下命令。

```Plain Text
pip install transformers
```

通过这个简单的命令，可以将 transformers 库及其依赖项安装到计算机上（请确保已经安装 Python 环境并正确配置 pip 工具）。

2.6.2　具体应用

在本节中，我们将以情感分析为例介绍如何使用 transformers 库进行文本分类任务。

1. 数据预处理

第 1 步，加载数据集。

从文件、数据库或 API 等来源加载目标数据集。这里以 IMDb 电影评论数据集为例，利用

torchtext 库加载数据集并划分为训练集和验证集。示例代码如下。

```Python
import torchtext
from torchtext import data

# 定义文本和标签字段
TEXT = data.Field(tokenize='spacy', lower=True)
LABEL = data.LabelField(dtype=torch.float)

# 加载 IMDb 数据集
train_data, test_data = torchtext.datasets.IMDb.splits(TEXT, LABEL)

# 随机划分训练集和验证集
train_data, valid_data = train_data.split(random_state=random.seed(SEED))
```

第 2 步，数据清洗与分词。

使用 transformers 库提供的分词器（tokenizer）对初始文本进行预处理，包括去除特殊字符、分词、序列截断或填充等操作。同时，构建词表（vocab）。示例代码如下。

```Python
from transformers import BertTokenizer

tokenizer = BertTokenizer.from_pretrained("bert-base-uncased")

# 分词及填充
def tokenize_and_cut(sentence):
    tokens = tokenizer.tokenize(sentence)
    tokens = tokens[:max_input_length-2]
    return tokens

# 更新 TEXT 字段的分词方法
TEXT.tokenize = tokenize_and_cut

# 构建词表
TEXT.build_vocab(train_data, min_freq=2)
LABEL.build_vocab(train_data)
```

第 3 步，构建训练集和验证集。

将处理好的文本及其对应标签转换为 PyTorch 张量，并构建 dataset 对象。之后，可利用 DataLoader 工具创建批次迭代器，便于模型训练和验证过程中的批量读取。示例代码如下。

```Python
# 创建数据迭代器
train_iterator, valid_iterator, test_iterator = data.BucketIterator.splits(
    (train_data, valid_data, test_data),
    batch_size=batch_size,
    device=device)
```

2. 选择预训练 Transformer 模型

根据任务需求和数据特点，选取适当的预训练 Transformer 模型。这里以 BERT 为例，通过以下代码加载预训练好的 BERT 模型，并为其添加一个分类头。

```Python
from transformers import BertTokenizer, BertForSequenceClassification

tokenizer = BertTokenizer.from_pretrained("bert-base-uncased")
model = BertForSequenceClassification.from_pretrained("bert-base-uncased", num_
labels=2).to(device)
```

3. 模型微调

第 1 步，设置超参数。

在开始微调之前，需要设置一些超参数，如学习率、优化器、批次大小、训练轮数等。用户可以根据经验或通过自动搜索方法选择合适的超参数值。示例代码如下。

```Python
import torch.optim as optim

learning_rate = 2e-5
optimizer = optim.Adam(model.parameters(), lr=learning_rate)
```

第 2 步，训练模型。

使用训练集对模型进行微调。在每个 epoch 内，遍历训练集中的所有批次数据，计算损失函数并更新模型参数。示例代码如下。

```Python
# 训练一个 epoch
def train(model, iterator, optimizer, criterion):
    model.train()
    epoch_loss = 0

    for batch in iterator:
        optimizer.zero_grad()
        predictions = model(batch.text).squeeze(1)
        loss = criterion(predictions, batch.label)
        loss.backward()
        optimizer.step()

        epoch_loss += loss.item()

    return epoch_loss / len(iterator)
```

第 3 步，验证模型性能。

在每个训练阶段结束后，使用验证集评估模型性能。常用的评价指标包括准确率、召回率、F1 分数等。示例代码如下。

```Python
# 计算准确率
def accuracy(preds, y):
    _, predicted = torch.max(preds.data, 1)
    correct = (predicted == y).sum().item()
    return correct / len(y)


# 评估一个 epoch
def evaluate(model, iterator, criterion):
    model.eval()
    epoch_loss = 0
    epoch_acc = 0

    with torch.no_grad():
        for batch in iterator:
            predictions = model(batch.text).squeeze(1)
            loss = criterion(predictions, batch.label)
            acc = accuracy(predictions, batch.label)

            epoch_loss += loss.item()
            epoch_acc += acc

    return epoch_loss / len(iterator), epoch_acc / len(iterator)
```

4. 实际应用场景示例

经过上述步骤，我们已经完成模型的训练和评估。接下来，可以将微调后的模型部署到线上或线下环境中，为用户提供实时的文本分类服务。以情感分析为例，当用户提交一段评论时，系统可以自动调用模型并返回预测结果，指导相关业务决策。示例代码如下。

```Python
def predict_sentiment(model, tokenizer, sentence):
    model.eval()
    tokens = tokenizer.tokenize(sentence)
    tokens = tokens[:max_input_length-2]
    indexed = [init_token_idx] + tokenizer.convert_tokens_to_ids(tokens) + [eos_token_idx]
    tensor = torch.LongTensor(indexed).to(device)
    tensor = tensor.unsqueeze(1)
    prediction = torch.sigmoid(model(tensor))
    return prediction.item()
```

本节仅提供了一个简单的文本分类实战框架，在实际应用中可能还需要考虑诸多因素。在2.6.3 节中，我们将深入探讨这些问题及相应解决方案。

2.6.3　实际应用中的挑战

在实际应用中，文本分类任务可能会受到许多因素的影响，如数据量有限、类别不平衡、计算资源限制等。为有效解决这些问题，本节将介绍一些实用技巧和方法。

1. 小样本学习

当数据量有限时，可以尝试以下策略以提高模型性能。

- 数据增强（data augmentation）。通过对初始文本进行变换（如同义词替换、短语重组等），生成额外的训练样本。这种方法可以扩充数据集大小，提高模型泛化能力。
- 迁移学习（transfer learning）。借助预训练 Transformer 模型（如 BERT、GPT-2 等）进行迁移学习。这些模型已经在大规模语料库上学习了丰富的语言知识，能够有效地提升模型在小数据集上的表现。

2. 类别不平衡

处理类别不平衡问题时，可尝试以下方法。

- 采样策略。对于样本数量较多的类别，可以进行欠采样（undersampling）；对于样本数量较少的类别，则可以进行过采样（oversampling）。此外，还可以使用合成少数类过采样技术（Synthetic Minority Over-sampling Technique，SMOTE）等高级方法。
- 损失函数权重。为不同类别的损失函数分配不同权重，通常将较少样本数的类别设置较高的权重。这可以降低模型对多数类别的偏向性，提高预测性能。

3. 计算资源限制

考虑到计算资源限制，以下策略有助于缩短训练时间和降低内存开销。

- 选择轻量级模型。相比 BERT、GPT-2 等大型模型，轻量级模型如 DistilBERT、TinyBERT 具有更少参数和更快的计算速度。虽然性能略有下降，但在某些任务中可能仍能满足需求。
- 模型压缩与剪枝。通过模型压缩（model compression）和参数剪枝（pruning）技术，去除冗余参数或减小模型规模，从而降低计算和存储开销。
- 混合精度训练。使用混合精度（mixed precision）训练方法，结合单精度（Float32）和半精度（Float16）计算，以降低内存占用和加速训练过程。

4. 模型解释与可视化

为了提高模型的可解释性，可以使用以下方法分析和理解模型的行为。

- 注意力权重可视化。通过可视化 Transformer 模型中的自注意力权重矩阵，观察模型在处理不同输入时关注的区域和依赖关系。
- 激活分析与显著图（saliency map）。分析模型中各层激活值的分布和变化，或者通过生成显著图展示输入特征对模型预测结果的贡献程度。

本节介绍了许多实用技巧和方法，可以帮助开发者应对实际应用中的挑战。需要指出的是，以上策略可能会受到具体任务、数据和模型等因素的影响，在实践中需要灵活运用并结合经验进行调整。

第 3 章

Stable Diffusion

本章将介绍图像生成领域中运用最广、效果最好的模型——Stable Diffusion。

本章介绍的案例主要基于 Hugging Face 框架的官方样例示例代码来实现，这是工业界最规范、最简单的 Stable Diffusion 实现方法，其有效性得到工业界大量的验证。

3.1 Stable Diffusion 简介

截至撰写本书时，Stable Diffusion 是最强大的图像生成模型。Stable Diffusion 是一种基于人工智能的绘画软件，它利用深度学习技术，特别是生成对抗网络来生成高品质的数字艺术作品。这种技术允许软件"学习"各种艺术风格和图像特征，从而能够创造出与真实艺术家作品相似的图像。Stable Diffusion 的基本原理如图 3-1 所示。

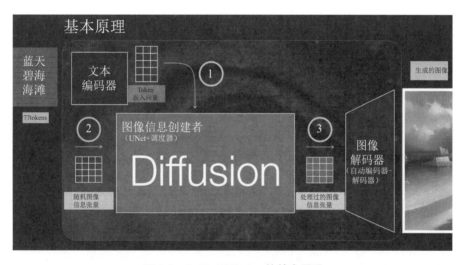

图 3-1　Stable Diffusion 的基本原理

Stable Diffusion 可以被艺术家和设计师用于快速生成创意草图、视觉灵感探索或具体艺术作品的创作。它特别适用于需要大量视觉内容而时间又紧迫的情境，比如广告设计、游戏开发和电影制作等。

Stable Diffusion（WebUI）的用户界面（见图 3-2）直观易用，即使是没有编程或深度学习背景的用户也可以轻松上手。用户可以通过简单的操作调整图像的风格、色彩、纹理等参数，实时查看预览效果，并对生成结果进行微调。

图 3-2 Stable Diffusion（WebUI）的用户界面

与其他 AI 绘画工具相比，Stable Diffusion 提供了更加灵活和强大的功能。用户可以更细致地控制图像生成过程，创作出更符合个人风格和需求的作品。此外，它的学习能力使其能够适应广泛的艺术风格，为用户提供无限的创意可能。

3.1.1 软件对比

与市面上其他主流 AI 绘画软件（如 Midjourney）相比，Stable Diffusion 在功能方面更为强大，也更容易上手。

1. 对比其他 AI 绘画软件

Stable Diffusion 在功能和灵活性方面与其他主流 AI 绘画软件（如 Midjourney）有着明显的差异。虽然这些软件都使用了深度学习技术，但在细节控制、用户界面和定制能力方面，Stable Diffusion 提供了更加先进的选项。

2. 灵活性和控制

Stable Diffusion 提供高度的定制性和控制能力。用户可以微调大量参数，以精确控制图像生成的各个方面，如风格、纹理、色彩等。这使得它特别适合需要精细控制的专业艺术家和设计师。

虽然其他软件（如 Midjourney）也能生成高质量的图像，但通常提供较少的定制选项和控制灵活性。它们更适合于快速生成和探索创意，而不是精细制作。

3. 上手难度

由于 Stable Diffusion 提供了更多的自定义选项，因此它的上手难度相对较高。这需要用户对不同的生成参数有一定的理解，才能充分利用其强大的功能。相比之下，其他一些 AI 绘画工具可能更易于初学者快速上手使用。

4. 适用场景

Stable Diffusion 因其高度的灵活性和定制性，特别适合于专业的艺术创作和设计工作。而其他 AI 绘画工具可能更适合用于快速创作和创意探索，特别是在时间紧迫的情况下。

选择哪款 AI 绘画软件取决于用户的具体需求。如果需要高度定制化的图像和细致的控制，Stable Diffusion 是一个优秀的选择。如果寻求快速生成和简单操作，其他软件（如 Midjourney）可能更合适。

3.1.2　计算机配置要求

为了确保 Stable Diffusion 能够高效运行，用户的计算机需要具备一定的硬件配置。以下是主要的硬件要求。

1. 显卡

由于 Stable Diffusion 的绘画算法主要依赖 GPU 进行计算，因此需要使用 NVIDIA 显卡。

最低要求为 4GB 显存，但是为了更好的性能和生成更高分辨率的图像，建议使用 6GB 显存（或以上）。对于专业用途，如 12GB 显存的 RTX4090 显卡将提供最佳性能。

显存的大小直接影响到能够处理的图像分辨率和图像生成速度，显存越大，生成的图像越清晰，处理速度也越快。

2. 硬盘空间

由于 Stable Diffusion 需要存储大量的模型数据，因此建议使用至少 60GB 的硬盘空间。

应确保有足够的空间存储下载的模型文件和生成的图像。批量处理图像时，也会暂时占用较多的硬盘空间。

3. 操作系统

Stable Diffusion 支持 Windows 10 或 Windows 11 操作系统。

推荐使用最新的操作系统版本，以确保软件运行的稳定性和安全性。

4. RAM

虽然 Stable Diffusion 主要依赖 GPU，但拥有足够的 RAM（例如 16GB 或更多）也有助于提高处理速度，特别是在处理多个任务或大型图像文件时。

5. 网络连接

对于下载模型和更新软件，稳定且快速的网络连接是必要的。

良好的硬件配置是确保 Stable Diffusion 能够顺利运行的关键。根据个人需求和使用目的选择合适的硬件配置，可以极大地提高工作效率和创作体验。

3.1.3　安装步骤

安装 Stable Diffusion 是一个相对直接的过程，但需要注意几个关键步骤以确保软件能够正确安装和运行。

1. 下载安装包

第 1 步，获取安装包。访问 Stable Diffusion 官方网站，下载最新版本的安装包。这通常包括软件本身和所需的依赖文件。

第 2 步，选择正确的版本。确保下载与你的操作系统和硬件配置兼容的版本。例如，对于 Windows 操作系统用户，应选择适用于 Windows 10 或 Windows 11 操作系统的版本。

2. 安装依赖

在安装 Stable Diffusion 之前，可能需要先安装 Python 和其他相关的库。这些通常在安装包中有明确的指示。

根据提供的指南安装必要的依赖文件。这可能包括特定的驱动程序和支持库，以确保软件可以正常运行。

3. 配置和启动

配置和启动的具体步骤如下。

第 1 步，复制文件。将下载的文件解压缩，并将其复制到指定的目录中，例如 webui 文件夹。

第 2 步，运行安装程序。在运行安装程序的过程中需要设置一些基本内容，如设置安装路径和选择组件等。

第 3 步，启动软件。完成安装后，启动 Stable Diffusion。初次启动可能需要一些时间，因为软件可能需要下载额外的数据或模型。

第 4 步，熟悉界面。启动软件后，你可以花些时间熟悉用户界面和各种功能。这可能包括测试不同的模型和设置，以验证安装是否成功。

4. 调试和问题解决

如果在安装过程中遇到问题，可以参考以下资源。

- 官方文档：查阅 Stable Diffusion 的官方文档，了解常见问题及其解决方案。
- 社区支持：加入相关的在线论坛或社群，获取来自其他用户的帮助和建议。
- 更新和补丁：定期检查软件更新和补丁，以修复已知的问题和改进性能。

安装 Stable Diffusion 可能需要一定的技术知识，特别是在配置和依赖管理方面。遵循安装指南和处理任何潜在的问题，将有助于确保软件的顺利运行。

3.1.4　基础操作

Stable Diffusion 的操作涉及多个方面，从模型选择到图像参数调整，每个步骤都对最终生成的图像有重要影响。

1. 模型选择和切换

不同的模型对应着不同的艺术风格和图像类型。选择合适的模型是产生理想图像的关键步骤。

在 Stable Diffusion 的界面左上角，用户可以轻松切换到不同的预安装模型。这些模型可能包括特定风格的图像生成模型，如动漫风格、写实风格等。

用户可以从官方网站或社区分享的资源（见图 3-3）中下载更多模型。安装新模型通常涉及将模型文件放置在特定的目录中，并在软件中进行选择。

图 3-3　社区分享的资源

2. 使用 VAE

VAE 是 Stable Diffusion 中的一个重要组件，用于提高图像的质量和细节。它通过学习大量图像数据，提高生成图像的真实感和视觉效果。

用户可以在界面中选择不同的 VAE 设置，以适应不同类型的图像生成需求。

3. 关键词设置

在 Stable Diffusion 中，关键词用于指导 AI 生成特定风格或主题的图像（见图 3-4）。

图 3-4　关键词设置

🏷 **小提示**

提示：用户可以在提示框内输入描述所需图像的关键词，如"雪景""未来城市"等。

反向提示：用于排除不希望出现在图像中的元素或特征，提高生成图像的准确性。

接下来通过一个实例进行说明。

提示：

```Plain Text
The personification of the Halloween holiday in the form of a cute girl with
short hair, (((cute girl)))cute hats, cute cheeks, unreal engine, highly detailed,
artgerm digital illustration, woo tooth, studio ghibli, deviantart, sharp focus,
artstation, by Alexei Vinogradov bakery, sweets, emerald eyes.
```

运行上述代码，输出如图 3-5 所示。

图 3-5　Stable Diffusion 生成的图像

4. 采样步数和方法

采样步数决定了生成过程中迭代的次数。步数越多，图像细节通常越丰富，但生成时间也会相应增长。

不同的采样方法影响生成图像的风格和质量。用户可以根据需要选择适合的方法。

5. 高清修复

对基础生成的图像进行高清修复，提高分辨率和细节质量。

特别适用于需要高分辨率输出的场景，如打印和专业展示。

通过熟悉和掌握这些基本操作，用户可以充分利用 Stable Diffusion 的强大功能，创作出符合个人风格和需求的独特艺术作品。

3.1.5　高级功能

Stable Diffusion 不仅限于基础的图像生成，它还提供了一系列高级功能，让用户可以进行更深入的探索和创作。

1. 模型合并

模型合并允许用户将多个模型的特性结合在一起，创造出独特的图像风格。这种方法可以产生新颖且富有创意的视觉效果。

适用于实验性艺术创作或寻找新的视觉表达方式。

2. 自训练模型

对于有特定需求或想探索特定风格的高级用户，Stable Diffusion 提供了训练个性化模型的能力。

用户可以用自己的图像数据集训练模型，创建出完全符合个人风格和喜好的图像生成模型。

3. 插件扩展

Stable Diffusion 支持多种插件，这些插件可以增强软件的功能，如提高图像质量、添加特殊效果等。

用户可以从社区或官方渠道获取这些插件，根据自己的需要进行安装和配置。

4. 工作流集成

高级用户可以将 Stable Diffusion 集成到他们的工作流中，如与其他图像处理软件的结合，实现更加高效和专业的图像生成和编辑流程。

通过掌握这些高级功能，用户可以将 Stable Diffusion 的应用提升到一个全新的水平，从而在数字艺术创作中实现更大的创新和个性化表达。

Stable Diffusion 作为一款先进的 AI 绘画软件，凭借其深度学习技术和用户友好的界面，在数字艺术领域展现了巨大的潜力。它不仅为艺术家和设计师提供了一个强大的工具来加速创意过程，而且还开辟了探索新艺术形式和表达方式的可能性。

虽然 Stable Diffusion 提供了众多直观且强大的功能，但要充分利用这些功能，用户需要投入时间来学习和实验。理解不同的模型、掌握关键词设置和熟悉高级功能，都是实现高质量图像生成的关键。

Stable Diffusion 的发展离不开活跃的用户社区和不断的技术更新。用户可以期待更多的模型更新、新功能添加和性能改进。同时，社区的分享和交流也是学习和提升技能的宝贵资源。

无论是专业艺术家还是设计爱好者，Stable Diffusion 都为其提供了一个探索创意边界的平台。它鼓励用户释放想象力，创造出独一无二的艺术作品。

Stable Diffusion 是探索数字艺术未来的一扇窗口。通过不断学习和实验，每个人都可以利用这款强大的工具，将个人的艺术愿景转化为令人惊叹的视觉作品。

3.2 Stable Diffusion 入门

为了便于理解 Stable Diffusion 原理，本节将介绍如下内容。

- 使用提示生成作品。
- 观察生成过程中各参数的影响。
- 对模型图像生成过程和潜在特征可视化。
- 深入了解采样函数的内部机制。
- 探究和理解 Stable Diffusion 模型内部的网络结构。

3.2.1 前期准备

1. 环境配置

这里默认你已经配置好对应版本的 PyTorch 和其他基本开发环境（更多信息参见第 1 章），下面主要对运行 Stable Diffusion 所需要的开发环境进行介绍。运行以下命令即可完成环境的配置。

```Shell
pip install diffusers transformers tokenizers
```

2. 预训练权重下载

需要注意的是，如果想要使用预训练权重，需要先登录 Hugging Face 账户。你可以在 Hugging Face 注册一个账户，并利用一个访问 Token 在接下来的代码块中进行登录。具体命令如下。

```Python
from huggingface_hub import notebook_login

notebook_login()
```

3. 硬件配置确认

为了保证处理图像的效率，需要用下方的代码确认运行环境支持 GPU。

```Python
import torch
assert torch.cuda.is_available()
!nvidia-smi
```

3.2.2 加载 Stable Diffusion

这里加载的是 fp16 格式的 checkpoint（检查点），目的是节省内存和计算时间。如果你拥有性能强大的 GPU，可以去掉"revision='fp16', torch_dtype=torch.float16"这行代码。示例代码如下。（与源码相比，这里的代码做了改动，因为升级了软件，所以相应的参数也进行了更改，如 revision 改为 variant，False 改为 None。）

```Python
import torch
import torch.nn as nn
import torch.nn.functional as F
from torch import autocast
from diffusers import StableDiffusionPipeline
import matplotlib.pyplot as plt

def plt_show_image(image):
  plt.figure(figsize=(8, 8))
  plt.imshow(image)
```

```
    plt.axis("off")
    plt.tight_layout()
    plt.show()

assert torch.cuda.is_available()
!nvidia-smi

pipe = StableDiffusionPipeline.from_pretrained(
    "CompVis/stable-diffusion-v1-4",
    use_auth_token=True,
    variant='fp16', torch_dtype=torch.float16
).to("cuda")
# Disable the safety checkers
def dummy_checker(images, **kwargs): return images, None
pipe.safety_checker = dummy_checker
```

1. 初步尝试

首先通过一段简单的示例代码直观感受一下模型的效果。

```
Python
prompt = "a lovely cat running in the desert in Van Gogh style, trending art."
image = pipe(prompt).images[0]   # image here is in [PIL format]

# Now to display an image you can do either save it such as:
image.save(f"lovely_cat.png")
image
```

运行上述代码，输出如图 3-6 所示。

图 3-6　生成的图像 1

再次运行上述代码，输出如图 3-7 所示。

图 3-7　生成的图像 2

从图 3-6 和图 3-7 所示的结果可以看出，Stable Diffusion 在生成图像时引入了随机性。即使使用相同的文本提示，由于初始化的随机噪声或模型内部的随机处理，每次生成的图像可能都存在细微的差异。这种随机性是生成模型的一个特点，它使得每次生成的图像都是独一无二的。

2. 控制随机性

上面提到，Stable Diffusion 在生成图像时引入了随机性，而随机性就是通过在生成图像前，预设一个随机种子来实现的。将随机种子进行固定，多次运行代码，可以发现生成的图像与图 3-8 一样。由此可知，可以向 pipe 函数传入 generator 参数，从而消除生成图像的随机性。

图 3-8　固定随机种子生成的图像

3. 控制图像生成质量

在 Stable Diffusion 中，改变去噪步骤是指调节模型在图像生成过程中的迭代步数。这些步骤构成了模型从含有随机噪声的初始状态逐渐生成目标图像的过程。其原理可以概述如下。
- 初始状态。模型起始于一个包含随机噪声的图像。
- 逐步去噪。在每个步骤中，模型依靠其经过训练的网络预测并减少图像中的噪声。
- 迭代次数。整个过程涵盖了多个这样的去噪步骤。增加步骤数可以使模型有更多机会来细化图像，从而提高图像质量。

- 控制图像质量。通过调整这些步骤的数量，可以精确控制生成图像的质量和细节水平。较多的步骤往往能产生更清晰、细节更丰富的图像，但也意味着需要更长的计算时间。

因此，通过改变去噪步骤的数量，用户可以在图像质量和生成速度之间找到一个合理的平衡点。我们可以通过调整下面代码的 num_inference_steps 值来控制图像的质量。

```Python
prompt = "a sleeping cat enjoying the sunshine."
image = pipe(prompt, num_inference_steps=5).images[0]  # image here is in [PIL format]

# Now to display an image you can do either save it such as:
image.save(f"lovely_cat_sun.png")
image
```

不同 num_inference_steps 值生成的图像如图 3-9 和图 3-10 所示。

图 3-9 num_inference_steps=5 时生成的图像　　图 3-10 num_inference_steps=50 时生成的图像

4. 控制图像内容

在 Stable Diffusion 中添加 negative_prompt（负面提示）的作用是明确指出用户不希望在生成的图像中出现的元素或特征。这一做法对于模型而言，有助于更精确地识别并排除那些不被期望的内容，从而在生成图像时避免它们的出现。通过这样的方法，用户可以更细致地操控图像内容的生成，确保最终产出与个人的需求和偏好相符合。举例来说，如果用户想要创造一个不包含任何建筑物的自然风景画面，可以在负面提示中加入"无建筑"或类似的表述，以指导模型按照这一特定的指令进行创作。

可以通过如下代码来添加 negative_prompt。

```Python
prompt = "a sleeping cat enjoying the sunshine."
image = pipe(prompt, generator=generator,
             negative_prompt="tree and leaves").images[0]  # image here is in
[PIL format]
```

```
# Now to display an image you can do either save it such as:
image.save(f"lovely_cat_sun_no_trees.png")
image
```

运行上述代码，输出如图 3-11 所示。

图 3-11　添加 negative_prompt 后生成的图像

3.2.3　可视化 Stable Diffusion 的内部工作机制

1. 前期准备

为了能够提供可视化的展示，首先，为代码环境导入一些包。示例代码如下。

```Python
!command -v ffmpeg >/dev/null || (apt update && apt install -y ffmpeg)
!pip install -q mediapy
import itertools
import math
import mediapy as media
```

其次，为了能够观察到 Stable Diffusion 内部的工作原理，我们设计了两个回调函数。这些回调函数将会把过程中的图像保存到名为 image_reservoir 的列表中，同时将潜在特征保存到 latents_reservoir 中，方便之后查看。示例代码如下。

```Python
!mkdir diffprocess
image_reservoir = []
latents_reservoir = []


@torch.no_grad()
def plot_show_callback(i, t, latents):
```

```
    latents_reservoir.append(latents.detach().cpu())
    image = pipe.vae.decode(1 / 0.18215 * latents).sample
    image = (image / 2 + 0.5).clamp(0, 1)
    image = image.cpu().permute(0, 2, 3, 1).float().numpy()[0]
    # plt_show_image(image)
    plt.imsave(f"diffprocess/sample_{i:02d}.png", image)
    image_reservoir.append(image)

@torch.no_grad()
def save_latents(i, t, latents):
    latents_reservoir.append(latents.detach().cpu())
```

然后，生成一份图像，并将内部的演算过程逐步记录下来，供之后查看。示例代码如下。

```Python
prompt = "a handsome cat dressed like Lincoln, trending art."
with torch.no_grad():
image = pipe(prompt, callback=plot_show_callback).images[0]  # image here is
in [PIL format]

# Now to display an image you can do either save it such as:
image.save(f"lovely_cat_lincoln.png")
image
```

运行上述代码，输出如图 3-12 所示。

图 3-12　生成的最终图像

2. 可视化图像序列

接下来，可以通过以下代码查看之前保存的图像生成过程中的图像序列。

```Python
media.show_video(image_reservoir, fps=5)
```

3. 可视化潜在特征

首先查看潜在特征的张量形状。示例代码如下。

```Python
latents_reservoir[0].shape
```

可以发现，由于潜在张量中有 4 个通道，因此，可以选择任意 3 个通道作为 RGB 进行可视化，并在 Chan2RGB 列表中放入 0、1、2、3 中的任何数字来选择通道，看看它们各自呈现出什么样的可视化效果。示例代码如下。

```Python
Chan2RGB= [0,1,2]
latents_np_seq = [tsr[0,Chan2RGB].permute(1,2,0).numpy() for tsr in latents_
reservoir]
media.show_video(latents_np_seq, fps=5)
```

通过观察生成的视频可以发现，在初始阶段，潜在特征充满随机性，与任何具体图像内容的关联非常弱。随着扩散步骤的进行，这些潜在特征逐渐被引导，开始形成更加结构化和具有目标图像特征的表示。

在每一步的去噪过程中，模型利用其训练中获得的知识来预测并减少潜在特征中的噪声，同时逐步引入与目标图像相关的细节。这个过程中，潜在特征从一种几乎无意义的噪声状态转变为能够表示清晰、具有图像内容的结构化数据。

3.2.4　Stable Diffusion 理论的实际应用

1. 简化版 text2img 函数

本节将提供一个简化的采样函数版本，并建议在使用 pipe(prompt) 生成图像时探索这个函数的内部工作机制。通过在函数内输出张量并记录它们的形状，可以更深入地理解 Stable Diffusion 模型如何处理和生成图像。这种方法有助于揭示模型内部的具体操作，包括如何处理文本提示、生成初始噪声、应用 UNet 进行去噪，以及如何最终将潜在空间的数据解码为图像。通过这样的实验，可以加深对模型工作原理的认识。

具体流程如下。

第 1 步，定义函数和参数。函数 generate_simplified 接收文本提示（prompt）、负面提示（negative_prompt）、推理步数（num_inference_steps）和引导比例（guidance_scale）。

第 2 步，文本嵌入。使用模型的分词器和文本编码器（text_encoder）将文本提示转换为嵌入向量。

第 3 步，负面提示处理。以类似方式处理负面提示，以生成嵌入向量。

第 4 步，初始化噪声。生成初始的随机噪声（latent），作为图像生成的起点。

第 5 步，去噪过程。这是整个算法的关键部分。在定义的步数中，模型逐步去除噪声。每一步使用 UNet 预测噪声，并应用分类器自由引导（classifier free guidance），这涉及将条件和无条件预测的噪声结合起来。具体的分解介绍如下。

- UNet 接收带有噪声的潜在空间（latent space）表示作为输入。
- 逐步处理这些输入，使用其深层结构预测当前存在于图像中的噪声。

- 去除图像中的噪声，并将去除后的结果迭代至输入，更新潜在空间。
- 应用分类器自由引导，结合条件预测和无条件预测，以引导图像更贴近文本提示。

第6步，图像解码。最终的潜变量被解码成图像，然后进行后处理以得到最终的图像输出。

第7步，生成图像。使用 generate_simplified 函数，并传入特定的文本提示和负面提示来生成图像。

示例代码如下。

```Python
@torch.no_grad()
def generate_simplified(
    prompt = ["a lovely cat"],
    negative_prompt = [""],
    num_inference_steps = 50,
    guidance_scale = 7.5):
    # do_classifier_free_guidance
    batch_size = 1
    height, width = 512, 512
    generator = None

    # get prompt text embeddings
    text_inputs = pipe.tokenizer(
        prompt,
        padding="max_length",
        max_length=pipe.tokenizer.model_max_length,
        return_tensors="pt",
    )
    text_input_ids = text_inputs.input_ids
    text_embeddings = pipe.text_encoder(text_input_ids.to(pipe.device))[0]
    bs_embed, seq_len, _ = text_embeddings.shape

    # get negative prompts  text embedding
    max_length = text_input_ids.shape[-1]
    uncond_input = pipe.tokenizer(
        negative_prompt,
        padding="max_length",
        max_length=max_length,
        truncation=True,
        return_tensors="pt",
    )
    uncond_embeddings = pipe.text_encoder(uncond_input.input_ids.to(pipe.device))[0]

    # duplicate unconditional embeddings for each generation per prompt, using
mps friendly method
    seq_len = uncond_embeddings.shape[1]
    uncond_embeddings = uncond_embeddings.repeat(batch_size, 1, 1)
```

```
        uncond_embeddings = uncond_embeddings.view(batch_size, seq_len, -1)

        # For classifier free guidance, we need to do two forward passes.
        # Here we concatenate the unconditional and text embeddings into a single
batch
        # to avoid doing two forward passes
        text_embeddings = torch.cat([uncond_embeddings, text_embeddings])

        # get the initial random noise unless the user supplied it
        # Unlike in other pipelines, latents need to be generated in the target
device
        # for 1-to-1 results reproducibility with the CompVis implementation.
        # However this currently doesn't work in `mps`.
        latents_shape = (batch_size, pipe.unet.in_channels, height // 8, width // 8)
        latents_dtype = text_embeddings.dtype
          latents = torch.randn(latents_shape, generator=generator, device=pipe.
device, dtype=latents_dtype)

        # set timesteps
        pipe.scheduler.set_timesteps(num_inference_steps)
        # Some schedulers like PNDM have timesteps as arrays
        # It's more optimized to move all timesteps to correct device beforehand
        timesteps_tensor = pipe.scheduler.timesteps.to(pipe.device)
        # scale the initial noise by the standard deviation required by the
scheduler
        latents = latents * pipe.scheduler.init_noise_sigma

        # Main diffusion process
        for i, t in enumerate(pipe.progress_bar(timesteps_tensor)):
        # expand the latents if we are doing classifier free guidance
            latent_model_input = torch.cat([latents] * 2)
              latent_model_input = pipe.scheduler.scale_model_input(latent_model_
input, t)
        # predict the noise residual
              noise_pred = pipe.unet(latent_model_input, t, encoder_hidden_
states=text_embeddings).sample
        # perform guidance
            noise_pred_uncond, noise_pred_text = noise_pred.chunk(2)
              noise_pred = noise_pred_uncond + guidance_scale * (noise_pred_text -
noise_pred_uncond)
        # compute the previous noisy sample x_t -> x_t-1
            latents = pipe.scheduler.step(noise_pred, t, latents, ).prev_sample

        latents = 1 / 0.18215 * latents
        image = pipe.vae.decode(latents).sample
        image = (image / 2 + 0.5).clamp(0, 1)
        # we always cast to float32 as this does not cause significant overhead and is
compatible with bfloa16
```

```
    image = image.cpu().permute(0, 2, 3, 1).float().numpy()
    return image

image = generate_simplified(
  prompt = ["a lovely cat"],
  negative_prompt = ["Sunshine"],)
plt_show_image(image[0])
```

运行上述代码，输出如图 3-13 所示。

图 3-13　generate_simplified 默认运行结果

接下来将上述代码进行封装调用。示例代码如下。

```
Python
image = generate_simplified(
  prompt = ["a cat dressed like a ballerina"],
  negative_prompt = [""],)
plt_show_image(image[0])
```

运行上述代码，输出如图 3-14 所示。

图 3-14　调用 generate_simplified 后生成的图像

2. 利用图像生成图像使用示例

首先导入需要的包，并创建模型。示例代码如下。

```Python
from diffusers import StableDiffusionImg2ImgPipeline
device = "cuda"
model_path = "CompVis/stable-diffusion-v1-4"

pipe = StableDiffusionImg2ImgPipeline.from_pretrained(
  model_path,
  variant="fp16", torch_dtype=torch.float16,
  use_auth_token=True
)
pipe = pipe.to(device)
```

```Python
import requests
from io import BytesIO
from PIL import Image

url = "https://raw.githubusercontent.com/CompVis/stable-diffusion/main/assets/
stable-samples/img2img/sketch-mountains-input.jpg"

response = requests.get(url)
init_img = Image.open(BytesIO(response.content)).convert("RGB")
init_img = init_img.resize((768, 512))
print(type(init_img))
init_img
```

其次，获得一幅用于输入的初始图像，如图 3-15 所示。

图 3-15　初始图像

最后，通过对 Stable Diffusion 进行提示输入，就可以在输入图像的基础上根据用户描述生成新的图像。

```Python
prompt = "A fantasy landscape, trending on artstation"
generator = torch.Generator(device=device).manual_seed(1024)
with autocast("cuda"):
  image = pipe(prompt=prompt, init_image=init_img,
               strength=0.75, guidance_scale=7.5,
               generator=generator).images[0]

image
```

3. 简化版 img2img 函数

由于这段代码的逻辑与之前提到的 txt2img 类似，因此这里主要介绍涉及的重点步骤。

第 1 步，设置文本提示。定义文本提示和负面提示。

第 2 步，编码文本提示。使用模型的分词器和文本编码器将文本提示转换为嵌入向量。

第 3 步，初始化图像编码。如果初始图像（init_image）是 PIL 图像对象，则对其进行预处理并编码成潜在空间向量。

第 4 步，添加噪声。根据模型的调度器（scheduler）和噪声生成器，向初始潜在向量添加噪声。

第 5 步，迭代去噪过程。通过循环，模型逐步去除噪声，使用 UNet 来预测噪声残差，并根据文本嵌入进行分类器自由引导。

第 6 步，解码图像。将最终的潜在空间向量解码成图像。

示例代码如下。

```Python
@torch.no_grad()
def generate_img2img_simplified():
  prompt = ["A fantasy landscape, trending on artstation"]
  negative_prompt = [""]
  strength = 0.5 # strength of the image conditioning
  batch_size = 1
  num_inference_steps = 25
  init_image = init_img

  # set timesteps
  pipe.scheduler.set_timesteps(num_inference_steps)

  # get prompt text embeddings
  text_inputs = pipe.tokenizer(
      prompt,
      padding="max_length",
      max_length=pipe.tokenizer.model_max_length,
      return_tensors="pt",
  )
  text_input_ids = text_inputs.input_ids
```

```python
        text_embeddings = pipe.text_encoder(text_input_ids.to(pipe.device))[0]

        # get unconditional embeddings for classifier free guidance
        uncond_tokens = negative_prompt
        max_length = text_input_ids.shape[-1]
        uncond_input = pipe.tokenizer(
            uncond_tokens,
            padding="max_length",
            max_length=max_length,
            truncation=True,
            return_tensors="pt",
        )
        uncond_embeddings = pipe.text_encoder(uncond_input.input_ids.to(pipe.
device))[0]

        # For classifier free guidance, we need to do two forward passes.
        # Here we concatenate the unconditional and text embeddings into a single batch
        # to avoid doing two forward passes
        text_embeddings = torch.cat([uncond_embeddings, text_embeddings])

        # encode the init image into latents and scale the latents
        latents_dtype = text_embeddings.dtype
        if isinstance(init_image, PIL.Image.Image):
            init_image = preprocess(init_image)
        init_image = init_image.to(device=pipe.device, dtype=latents_dtype)
        init_latent_dist = pipe.vae.encode(init_image).latent_dist
        init_latents = init_latent_dist.sample(generator=generator)
        init_latents = 0.18215 * init_latents

        # get the original timestep using init_timestep
        offset = pipe.scheduler.config.get("steps_offset", 0)
        init_timestep = int(num_inference_steps * strength) + offset
        init_timestep = min(init_timestep, num_inference_steps)

        timesteps = pipe.scheduler.timesteps[-init_timestep]
        timesteps = torch.tensor([timesteps] * batch_size, device=pipe.device)

        # add noise to latents using the timesteps
        noise = torch.randn(init_latents.shape, generator=generator, device=pipe.
device, dtype=latents_dtype)
        init_latents = pipe.scheduler.add_noise(init_latents, noise, timesteps)

        latents = init_latents

        t_start = max(num_inference_steps - init_timestep + offset, 0)
        # Some schedulers like PNDM have timesteps as arrays
        # It's more optimized to move all timesteps to correct device beforehand
```

```
timesteps = pipe.scheduler.timesteps[t_start:].to(pipe.device)

for i, t in enumerate(pipe.progress_bar(timesteps)):
    # expand the latents if we are doing classifier free guidance
        latent_model_input = torch.cat([latents] * 2) if do_classifier_free_
guidance else latents
        latent_model_input = pipe.scheduler.scale_model_input(latent_model_
input, t)

    # predict the noise residual
        noise_pred = pipe.unet(latent_model_input, t, encoder_hidden_
states=text_embeddings).sample

    # perform guidance
    noise_pred_uncond, noise_pred_text = noise_pred.chunk(2)
        noise_pred = noise_pred_uncond + guidance_scale * (noise_pred_text -
noise_pred_uncond)

    # compute the previous noisy sample x_t -> x_t-1
        latents = pipe.scheduler.step(noise_pred, t, latents, **extra_step_
kwargs).prev_sample

    latents = 1 / 0.18215 * latents
    image = pipe.vae.decode(latents).sample

    image = (image / 2 + 0.5).clamp(0, 1)
    image = image.cpu().permute(0, 2, 3, 1).numpy()
    return image
```

3.2.5 Stable Diffusion 的内部结构

1. 辅助输出函数

首先，这里会定义一个函数，以便你深入了解扩散模型的内部结构。通过调整 deepest 参数，你可以根据需要选择查看模型的详细程度。通过设置这个参数，你可以在获取全面概览和深入特定细节之间灵活切换，从而更好地理解模型的工作原理和组成。示例代码如下。

```
Python
def recursive_print(module, prefix="", depth=0, deepest=3):
    """Simulating print(module) for torch.nn.Modules
        but with depth control. Print to the `deepest` level. `deepest=0` means
no print
    """
    if depth == 0:
        print(f"[{type(module).__name__}]")
    if depth >= deepest:
        return
```

```
    for name, child in module.named_children():
        if len([*child.named_children()]) == 0:
            print(f"{prefix}({name}): {child}")
        else:
            if isinstance(child, nn.ModuleList):
                    print(f"{prefix}({name}): {type(child).__name__}
len={len(child)}")
            else:
                print(f"{prefix}({name}): {type(child).__name__}")
        recursive_print(child, prefix + "  ", depth + 1, deepest)
```

2. 文本编码模型

首先查看文本编码模型的内容。示例代码如下。

```Python
recursive_print(pipe.text_encoder, deepest=3)
```

运行上述代码，输出如下。

```Plain Text
[CLIPTextModel]
(text_model): CLIPTextTransformer
(embeddings): CLIPTextEmbeddings
  (token_embedding): Embedding(49408, 768)
  (position_embedding): Embedding(77, 768)
(encoder): CLIPEncoder
  (layers): ModuleList len=12
(final_layer_norm): LayerNorm((768,), eps=1e-05, elementwise_affine=True)
```

其中比较重要的一个结构是编码器。通过深入观察编码器的结构，可以发现它基本上是由一系列 Transformer 模块构成的，具体输出如下。

```Python
recursive_print(pipe.text_encoder.text_model.encoder, deepest=3)
Python
[CLIPEncoder]
(layers): ModuleList len=12
(0): CLIPEncoderLayer
  (self_attn): CLIPAttention
  (layer_norm1): LayerNorm((768,), eps=1e-05, elementwise_affine=True)
  (mlp): CLIPMLP
  (layer_norm2): LayerNorm((768,), eps=1e-05, elementwise_affine=True)
(1): CLIPEncoderLayer
  (self_attn): CLIPAttention
  (layer_norm1): LayerNorm((768,), eps=1e-05, elementwise_affine=True)
  (mlp): CLIPMLP
  (layer_norm2): LayerNorm((768,), eps=1e-05, elementwise_affine=True)
(2): CLIPEncoderLayer
```

```
    (self_attn): CLIPAttention
    (layer_norm1): LayerNorm((768,), eps=1e-05, elementwise_affine=True)
    (mlp): CLIPMLP
    (layer_norm2): LayerNorm((768,), eps=1e-05, elementwise_affine=True)
  (3): CLIPEncoderLayer
    (self_attn): CLIPAttention
    (layer_norm1): LayerNorm((768,), eps=1e-05, elementwise_affine=True)
    (mlp): CLIPMLP
    (layer_norm2): LayerNorm((768,), eps=1e-05, elementwise_affine=True)
  (4): CLIPEncoderLayer
    (self_attn): CLIPAttention
    (layer_norm1): LayerNorm((768,), eps=1e-05, elementwise_affine=True)
    (mlp): CLIPMLP
    (layer_norm2): LayerNorm((768,), eps=1e-05, elementwise_affine=True)
  (5): CLIPEncoderLayer
    (self_attn): CLIPAttention
    (layer_norm1): LayerNorm((768,), eps=1e-05, elementwise_affine=True)
    (mlp): CLIPMLP
    (layer_norm2): LayerNorm((768,), eps=1e-05, elementwise_affine=True)
  (6): CLIPEncoderLayer
    (self_attn): CLIPAttention
    (layer_norm1): LayerNorm((768,), eps=1e-05, elementwise_affine=True)
    (mlp): CLIPMLP
    (layer_norm2): LayerNorm((768,), eps=1e-05, elementwise_affine=True)
  (7): CLIPEncoderLayer
    (self_attn): CLIPAttention
    (layer_norm1): LayerNorm((768,), eps=1e-05, elementwise_affine=True)
    (mlp): CLIPMLP
    (layer_norm2): LayerNorm((768,), eps=1e-05, elementwise_affine=True)
  (8): CLIPEncoderLayer
    (self_attn): CLIPAttention
    (layer_norm1): LayerNorm((768,), eps=1e-05, elementwise_affine=True)
    (mlp): CLIPMLP
    (layer_norm2): LayerNorm((768,), eps=1e-05, elementwise_affine=True)
  (9): CLIPEncoderLayer
    (self_attn): CLIPAttention
    (layer_norm1): LayerNorm((768,), eps=1e-05, elementwise_affine=True)
    (mlp): CLIPMLP
    (layer_norm2): LayerNorm((768,), eps=1e-05, elementwise_affine=True)
  (10): CLIPEncoderLayer
    (self_attn): CLIPAttention
    (layer_norm1): LayerNorm((768,), eps=1e-05, elementwise_affine=True)
    (mlp): CLIPMLP
    (layer_norm2): LayerNorm((768,), eps=1e-05, elementwise_affine=True)
  (11): CLIPEncoderLayer
    (self_attn): CLIPAttention
    (layer_norm1): LayerNorm((768,), eps=1e-05, elementwise_affine=True)
```

```
(mlp): CLIPMLP
(layer_norm2): LayerNorm((768,), eps=1e-05, elementwise_affine=True)
```

每一层又由自注意力模块（self_attn）、多层感知机（mlp）等组成。它们的具体实现如下。

```Python
recursive_print(pipe.text_encoder.text_model.encoder.layers[0], deepest=3)
```

运行上述代码，输出如下。

```Plain Text
[CLIPEncoderLayer]
(self_attn): CLIPAttention
(k_proj): Linear(in_features=768, out_features=768, bias=True)
(v_proj): Linear(in_features=768, out_features=768, bias=True)
(q_proj): Linear(in_features=768, out_features=768, bias=True)
(out_proj): Linear(in_features=768, out_features=768, bias=True)
(layer_norm1): LayerNorm((768,), eps=1e-05, elementwise_affine=True)
(mlp): CLIPMLP
(activation_fn): QuickGELUActivation()
(fc1): Linear(in_features=768, out_features=3072, bias=True)
(fc2): Linear(in_features=3072, out_features=768, bias=True)
(layer_norm2): LayerNorm((768,), eps=1e-05, elementwise_affine=True)
```

根据列出的结构，结合已有的知识，我们可以分析出每一个模块的具体功能。

(self_attn): CLIPAttention。这是自注意力机制的一个实现，专为 CLIP 模型定制。它使模块能够专注于输入序列中不同部分的相关性和上下文信息。

- (k_proj), (v_proj), (q_proj)。这些是线性层，分别用于生成键（key）、值（value）和查询（query）向量，是自注意力机制的核心部分。这些向量用于计算输入数据中不同部分之间的关联性。
- (out_proj)。另一个线性层，用于将注意力机制的输出转换为下一阶段所需的格式。

(layer_norm1): LayerNorm((768,), eps=1e-05, elementwise_affine=True)。这是第 1 个层规范化（layer normalization）部分，用于规范化自注意力层的输出。层规范化有助于加速训练并提高模型的稳定性。

(mlp): CLIPMLP。这是一个多层感知机（MLP），用于在自注意力层之后进一步处理数据。它通常包含几个全连接层，对信息进行更深层次的转换和整合。

- (activation_fn): QuickGELUActivation()。这是一个激活函数，用于引入非线性，提高模型的表达能力。
- (fc1) 和 (fc2)。这两个线性层用于进一步处理和转换数据。第 1 个线性层将特征维度扩展，第 2 个线性层再将其缩减，这样的设计有助于增强模型的学习能力。

(layer_norm2): LayerNorm((768,), eps=1e-05, elementwise_affine=True)。这是第 2 个层规范化部分，用于规范化多层感知机的输出，进一步稳定模型的训练过程。

3. UNet 模型

接下来，我们将深入探究 Stable Diffusion 中最复杂的部分——UNet。UNet 的核心架构包括下采样块（down_blocks）、中间块（mid_block）和上采样块（up_blocks）。

- 下采样块负责逐步降低图像的空间分辨率，同时增加特征的深度。在这个过程中，模型能够捕获更高层次的特征和更广泛的上下文信息。
- 中间块位于网络的最深层，这个块处理通过下采样块得到的高级特征，执行关键的特征转换和整合。
- 上采样块执行相反的过程，逐步增加图像的空间分辨率，同时减少特征的深度。通过这个过程，模型能够重建出细节丰富的图像。

UNet 模型 UNet2DConditionModel 的代码如下。

```Plain Text
recursive_print(pipe.unet, deepest=2)
```

运行上述代码，输出如下。

```Python
[UNet2DConditionModel]
(conv_in): Conv2d(4, 320, kernel_size=(3, 3), stride=(1, 1), padding=(1, 1))
(time_proj): Timesteps()
(time_embedding): TimestepEmbedding
(linear_1): Linear(in_features=320, out_features=1280, bias=True)
(act): SiLU()
(linear_2): Linear(in_features=1280, out_features=1280, bias=True)
(down_blocks): ModuleList len=4
(0): CrossAttnDownBlock2D
(1): CrossAttnDownBlock2D
(2): CrossAttnDownBlock2D
(3): DownBlock2D
(up_blocks): ModuleList len=4
(0): UpBlock2D
(1): CrossAttnUpBlock2D
(2): CrossAttnUpBlock2D
(3): CrossAttnUpBlock2D
(mid_block): UNetMidBlock2DCrossAttn
(attentions): ModuleList len=1
(resnets): ModuleList len=2
(conv_norm_out): GroupNorm(32, 320, eps=1e-05, affine=True)

(conv_act): SiLU()
(conv_out): Conv2d(320, 4, kernel_size=(3, 3), stride=(1, 1), padding=(1, 1))
```

接下来详细分析 UNet 模型。

1）上采样层和下采样层分析

首先介绍下采样层。一个 CrossAttnDownBlock2D 内部基本上是由注意力机制（attentions）和残差网络（resnets）的双层组合构成的，就像两层三明治。在 CrossAttnUpBlock2D 中，也可以看到类似的结构。

在这种设计中，注意力层和残差网络层的结合使得 CrossAttnDownBlock2D 和 CrossAttnUpBlock2D 能够有效地处理和生成图像特征，同时保持结构的稳定性和效率。这种"双层三明治"结构提供了强大的功能来捕获和生成复杂的图像内容。示例代码如下。

```Python
recursive_print(pipe.unet.down_blocks[0], deepest=2)
```

运行上述代码，输出如下。

```Python
[CrossAttnDownBlock2D]
(attentions): ModuleList len=2
(0): SpatialTransformer
(1): SpatialTransformer
(resnets): ModuleList len=2
(0): ResnetBlock2D
(1): ResnetBlock2D
(downsamplers): ModuleList len=1
(0): Downsample2D
```

在上采样层中，模块的组成结构差别不大。示例代码如下。

```Python
recursive_print(pipe.unet.up_blocks[2], deepest=2)
```

运行上述代码，输出如下。

```Python
[CrossAttnUpBlock2D]
(attentions): ModuleList len=3
(0): SpatialTransformer
(1): SpatialTransformer
(2): SpatialTransformer
(resnets): ModuleList len=3
(0): ResnetBlock2D
(1): ResnetBlock2D
(2): ResnetBlock2D
(upsamplers): ModuleList len=1
(0): Upsample2D
```

可以看到，无论是上采样层还是下采样层，都主要由空间变换器（SpatialTransformer）和残差网络块（ResnetBlock2D）构成。因此，只要理解 SpatialTransformer 和 ResnetBlock2D，基本上就可以理解这个网络的构建块。

2）空间变换器分析

空间变换器基本上是由以下几部分组成的。

- 自注意力机制。这一部分使模型能够聚焦于输入特征的不同区域，理解这些区域之间的内在关联。自注意力机制有助于模型捕获图像中的局部细节和上下文信息。
- 交叉注意力（cross-attention）。这一部分允许模型在两个不同的输入集（例如，文本和图像特征）之间建立联系。交叉注意力在结合多种信息源以生成图像时发挥关键作用。
- 前馈网络（feed-forward network）。这是模型中的另一个重要组成部分，用于进一步处理和精炼通过注意力机制得到的特征。

示例代码如下。

```Python
recursive_print(pipe.unet.down_blocks[0].attentions[0], deepest=3)
```

运行上述代码，输出如下。

```Python
[SpatialTransformer]
(norm): GroupNorm(32, 320, eps=1e-06, affine=True)
(proj_in): Conv2d(320, 320, kernel_size=(1, 1), stride=(1, 1))
(transformer_blocks): ModuleList len=1
(0): BasicTransformerBlock
  (attn1): CrossAttention
  (ff): FeedForward
  (attn2): CrossAttention
  (norm1): LayerNorm((320,), eps=1e-05, elementwise_affine=True)
  (norm2): LayerNorm((320,), eps=1e-05, elementwise_affine=True)
  (norm3): LayerNorm((320,), eps=1e-05, elementwise_affine=True)
(proj_out): Conv2d(320, 320, kernel_size=(1, 1), stride=(1, 1))
```

接下来，我们探讨其中的两个注意力层。在关注两个注意力层（attn1 和 attn2）时，我们可以探讨它们之间的差异。特别是，我们可以猜测哪个张量的形状会有所不同。这些张量包括查询（Q）、键（K）和值（V）。在不同的注意力层中，张量的形状变化通常取决于它们所处理的输入数据类型和尺寸。示例代码如下。

```Python
recursive_print(pipe.unet.down_blocks[0].attentions[0].transformer_
blocks[0].attn1, deepest=3)
  recursive_print(pipe.unet.down_blocks[0].attentions[0].transformer_
blocks[0].attn2, deepest=3)
```

一般情况下，Q（查询）通常与正在处理的特定输入数据（例如，特定图像或文本片段）的尺寸有关；K（键）和 V（值）的形状通常与模型正在参考或"关注"的数据的尺寸有关。

在 attn1 和 attn2 层中，如果它们处理的输入数据或它们所参考的上下文数据在尺寸上有所不同，那么其中一个或多个张量（Q、K、V）的形状可能会有所不同。

例如，如果 attn1 层专注于处理更细节的图像特征，而 attn2 层处理的是更高层次的上下文信息，那么这可能导致 Q、K、V 张量之一在两个层中具有不同的形状。通常情况下，如果输入数据的维度或上下文的复杂性不同，那么 Q 张量的形状最有可能发生变化。

最后，我们来看看前馈网络。

这里使用了一种特殊的激活函数——GEGLU。在 GEGLU 中，proj 的输出被分成两半，一半用于控制一个 Sigmoid 门控，另一半用于生成激活。大多数情况下，可以使用更简单的激活函数，如 GeLU 或 SiLU。

GEGLU 激活函数的特点如下。

- 双分支设计。将输出分成两部分，一种方式是用于门控（通常是 Sigmoid 函数），另一种是用于创建实际的激活信号。这种设计允许网络在决定如何激活神经元时进行更细致的控制。

- 门控机制。Sigmoid 门控允许模型动态地调整不同神经元的激活程度，从而提供更灵活的特征表示。
- 激活部分。激活部分负责将处理后的信号转化为模型可以使用的形式，进一步进行特征提取和转换。

它的结构如下。

```Python
recursive_print(pipe.unet.down_blocks[0].attentions[0].transformer_blocks[0].ff, deepest=3)
```

运行上述代码，输出如下。

```Python
[FeedForward]
(net): Sequential
(0): GEGLU
  (proj): Linear(in_features=320, out_features=2560, bias=True)
(1): Dropout(p=0.0, inplace=False)
(2): Linear(in_features=1280, out_features=320, bias=True)
```

3）ResNet 块分析

ResNet 块（ResnetBlock2D）是 UNet 中最简单的部分，基本上就是类似于 ResNet 的卷积神经网络。ResNet 的核心特点是残差连接，它们允许输入直接跳过某些层，从而解决深度网络中的梯度消失问题。它的结构如下。

```Python
recursive_print(pipe.unet.down_blocks[0].resnets[0], deepest=3)
```

运行上述代码，输出如下。

```Python
[ResnetBlock2D]
(norm1): GroupNorm(32, 320, eps=1e-05, affine=True)
(conv1): Conv2d(320, 320, kernel_size=(3, 3), stride=(1, 1), padding=(1, 1))
(time_emb_proj): Linear(in_features=1280, out_features=320, bias=True)
(norm2): GroupNorm(32, 320, eps=1e-05, affine=True)
(dropout): Dropout(p=0.0, inplace=False)
(conv2): Conv2d(320, 320, kernel_size=(3, 3), stride=(1, 1), padding=(1, 1))
(nonlinearity): SiLU()
```

尽管 UNet 的 ResNet 块结构相对简单，但它有效地结合了残差连接的优势和卷积神经网络的特性。它的主要组成模块如下。

- 批量归一化（GroupNorm）。用于网络层之间的归一化处理，有助于加快训练速度，提高模型稳定性。
- 卷积层（Conv2d）。负责提取图像中的特征。这些层通过滤波器学习图像的局部模式。
- 激活函数（Activation Function）。如 SiLU，用于引入非线性，增强模型的表达能力。

需要注意的是，time_emb_proj 是一个线性投影，它输出用于每个通道的时间调制信号。在稳定扩散模型中，时间调制是一个关键概念，它允许模型根据不同的时间步骤调整其行为，从而在图像生成过程中逐步细化和改进图像特征。

至此，上采样层、下采样层的主要模块的分析就结束了。接下来将进行 UNet 其他主要模块的介绍。

4）时间嵌入机制

在创建正弦以余弦傅里叶为基础的函数时通常会采用以下结构（这里根据源码进行适当调整）。

```Python
import math
def time_proj(time_steps, max_period: int = 10000, time_emb_dim=320):
  if time_steps.ndim == 0:
      time_steps = time_steps.unsqueeze(0)
  half = time_emb_dim // 2
  frequencies = torch.exp(- math.log(max_period)
                                * torch.arange(start=0, end=half, dtype=torch.
float32) / half
                          ).to(device=time_steps.device)
  angles = time_steps[:, None].float() * frequencies[None, :]
  return torch.cat([torch.cos(angles), torch.sin(angles)], dim=-1)
```

这些输出随后被送入时间嵌入网络，这个网络结构也非常简单，基本上是一个由两层组成的多层感知机，用于扩展其维度。时间嵌入网络的基本结构如下。

```Python
recursive_print(pipe.unet.time_embedding)
```

运行上述代码，输出如下。

```Python
[TimestepEmbedding]
(linear_1): Linear(in_features=320, out_features=1280, bias=True)
(act): SiLU()
(linear_2): Linear(in_features=1280, out_features=1280, bias=True)
```

第一层（扩展层）：这一层通常是一个线性层，它将输入的傅里叶基础表示的维度扩展到更高的维度。这种扩展有助于模型捕获更复杂的时间相关模式。

激活函数：在两个线性层之间，通常会有一个激活函数，如 SiLU 用于引入非线性，这样网络可以学习更复杂的函数。

第二层（输出层）：这一层是另一个线性层，它进一步处理扩展后的特征，并生成最终的时间嵌入输出。

至此，UNet 网络所包含的比较重要的模块介绍完毕。接下来对 Stable Diffusion 的其他部分进行介绍。

4. 自动编码器模型

基于 ResNet 的卷积神经网络构成自动编码器（Autoencoder）的核心。它的总体结构如下。

```
Python
# The autoencoderKL or VAE
recursive_print(pipe.vae, deepest=3)
```

运行上述代码，输出如下。

```
Python
[AutoencoderKL]
(encoder): Encoder
(conv_in): Conv2d(3, 128, kernel_size=(3, 3), stride=(1, 1), padding=(1, 1))
(down_blocks): ModuleList len=4
  (0): DownEncoderBlock2D
  (1): DownEncoderBlock2D
  (2): DownEncoderBlock2D
  (3): DownEncoderBlock2D
(mid_block): UNetMidBlock2D
  (attentions): ModuleList len=1
  (resnets): ModuleList len=2
(conv_norm_out): GroupNorm(32, 512, eps=1e-06, affine=True)
(conv_act): SiLU()
(conv_out): Conv2d(512, 8, kernel_size=(3, 3), stride=(1, 1), padding=(1, 1))
(decoder): Decoder
(conv_in): Conv2d(4, 512, kernel_size=(3, 3), stride=(1, 1), padding=(1, 1))
(up_blocks): ModuleList len=4
  (0): UpDecoderBlock2D
  (1): UpDecoderBlock2D
  (2): UpDecoderBlock2D
  (3): UpDecoderBlock2D
(mid_block): UNetMidBlock2D
  (attentions): ModuleList len=1
  (resnets): ModuleList len=2
(conv_norm_out): GroupNorm(32, 128, eps=1e-06, affine=True)
(conv_act): SiLU()
(conv_out): Conv2d(128, 3, kernel_size=(3, 3), stride=(1, 1), padding=(1, 1))
(quant_conv): Conv2d(8, 8, kernel_size=(1, 1), stride=(1, 1))
(post_quant_conv): Conv2d(4, 4, kernel_size=(1, 1), stride=(1, 1))
```

如果观察 VAE 的编码器部分，会发现它与 UNet 的编码器非常相似，但没有任何空间变换器。由于它仅包含残差网络块和下采样器，因此 VAE 不受单词或时间的限制，也不需要交叉注意力。这种设计决策具有如下几点合理性。

- 专注于特征提取。VAE 的编码器主要负责从输入数据中提取有效特征并将其转换为潜在空间表示。残差块和下采样器足以完成这一任务，因为它们专注于提取和压缩图像特征。
- 不涉及复杂的上下文关系。由于 VAE 不需要处理与特定单词或时间步骤相关的复杂上下文信息，因此不需要像空间变换器那样的复杂结构来捕获这类信息。
- 简化的网络结构。没有交叉注意力机制，VAE 的网络结构相对简单，侧重于基本的特征提取和维度缩减，这有助于减少计算复杂性和提高模型效率。

因此，VAE 的编码器通过其残差块和下采样器有效地完成特征提取和潜在空间映射的任务，同时保持了网络的简洁性和高效性。这种设计使 VAE 特别适合于那些不需要复杂上下文处理的任务，例如图像重建和生成。

下采样的结构如下。

```Python
recursive_print(pipe.vae.encoder.down_blocks, deepest=3)
```

运行上述代码，输出如下。

```Python
[ModuleList]
(0): DownEncoderBlock2D
(resnets): ModuleList len=2
  (0): ResnetBlock2D
  (1): ResnetBlock2D
(downsamplers): ModuleList len=1
  (0): Downsample2D
(1): DownEncoderBlock2D
(resnets): ModuleList len=2
  (0): ResnetBlock2D
  (1): ResnetBlock2D
(downsamplers): ModuleList len=1
  (0): Downsample2D
(2): DownEncoderBlock2D
(resnets): ModuleList len=2
  (0): ResnetBlock2D
  (1): ResnetBlock2D
(downsamplers): ModuleList len=1
  (0): Downsample2D
(3): DownEncoderBlock2D
(resnets): ModuleList len=2
  (0): ResnetBlock2D
  (1): ResnetBlock2D
```

ResNet 块的结构如下。

```Python
recursive_print(pipe.vae.encoder.down_blocks[0].resnets[0], deepest=3)
```

运行上述代码，输出如下。

```Python
[ResnetBlock2D]
(norm1): GroupNorm(32, 128, eps=1e-06, affine=True)
(conv1): Conv2d(128, 128, kernel_size=(3, 3), stride=(1, 1), padding=(1, 1))
(norm2): GroupNorm(32, 128, eps=1e-06, affine=True)
(dropout): Dropout(p=0.0, inplace=False)
(conv2): Conv2d(128, 128, kernel_size=(3, 3), stride=(1, 1), padding=(1, 1))
(nonlinearity): SiLU()
```

基于这些知识，我们可以推测 VAE 中的 ResnetBlock2D 与 UNet 中的 ResnetBlock2D 之间的差异。差异主要体现在如下几个方面。

- 缺少交叉注意力机制。由于 VAE 不需要处理与特定单词或时间步骤相关的复杂上下文信息，因此其 ResnetBlock2D 很可能不包含 UNet 中那样的交叉注意力机制。这意味着 VAE 的 ResnetBlock2D 更专注于基本的卷积操作和特征提取，而不是处理复杂的上下文或序列数据。
- 简化的结构。VAE 的 ResnetBlock2D 可能具有更简化的结构，主要包含标准的残差网络构成元素，如卷积层、批归一化、激活函数和残差连接，而缺少可能在 UNet 中用于特定任务（如图像生成或分割）的附加组件。
- 不同的功能重点。VAE 的 ResnetBlock2D 更倾向于通用的特征提取和数据压缩，而 UNet 的 ResnetBlock2D 可能被优化用于特定类型的图像处理任务，如具有详细上下文信息的图像生成。

综上所述，VAE 中的 ResnetBlock2D 可能缺少了一些专为处理更复杂图像任务而设计的特性，如交叉注意力，从而使其更适合于 VAE 的主要目标：高效的特征提取和潜在空间表示的学习。

3.3 Stable Diffusion 的基础应用

3.3.1 从文本生成图像：用文字描绘视觉世界

在 Stable Diffusion 的奇妙世界中，从文本生成图像功能是一个创新的突破，它仅凭用户的文字描述就能创造出生动、详细的图像。这一技术的核心在于将文字信息转化为视觉表达，打开了一扇通往无限创造力和想象力的大门。

1. 基础原理

从文本生成图像功能基于深度学习的神经网络，该网络经过大量的文本描述和相应图像的训练。通过这种训练，模型学会了理解各种文本描述，并将这些描述转化为具体的视觉图像。当用户输入一个描述性的文本提示时，Stable Diffusion 的模型会根据这些文字生成一幅全新的图像。

2. 实际应用

想象一下，你想要一幅描绘古代城堡的图画，但手头没有合适的图像。在 Stable Diffusion 中，你只须输入一段描述，如"一座坐落在绿色山丘上的古老城堡，在落日的余晖下显得庄严而神秘"，模型就会根据这段描述生成一幅符合你想象的城堡画作。

3. 示例提示

从文本生成图像功能的一些示例提示如下。

- 具体场景："一个宁静的小村庄，有着茅草屋顶的小屋和四周环绕的蓝色湖泊。"
- 抽象概念："表现'希望'的概念，用明亮的色彩和温暖的阳光来描绘。"
- 科幻主题："一艘未来主义风格的太空飞船在星际旅行，周围是璀璨的星系和彩色星云。"

图 3-16~图 3-19 展示了 Stable Diffusion 模型生成的不同风格的结果。

图 3-16　动漫风格图像

图 3-17　照片真实风格

图 3-18　风景风格

图 3-19　动物风格

4. 注意事项

使用从文本生成图像功能时，需要考虑到其生成的图像可能受到输入文本的限制和模型训练数据的影响。此外，对于复杂或含糊不清的描述，模型可能无法生成高质量的图像。同样，用户在使用此功能时应遵守道德和法律规范，尤其是在处理可能涉及版权或隐私问题的内容时。

Stable Diffusion 的从文本生成图像功能开辟了一个新领域，用户可以通过简单的文本描述来创建独特和个性化的图像。这不仅为艺术家和设计师提供了新的创作工具，也为所有喜爱探索和创造的人们带来了新的可能性。

3.3.2　图生图：Stable Diffusion 的图像转换魔法

在 Stable Diffusion 的世界中，图生图功能开启了一扇神奇的大门，它允许我们将一张普通的图像转换成具有截然不同风格或特征的新图像。这一创新技术的核心在于它结合了深度学习和图像处理技术，通过学习大量的图像数据和相关文本描述，使模型不仅理解图像的视觉内容，还能理解与之相关的文本描述，如图 3-20 所示。

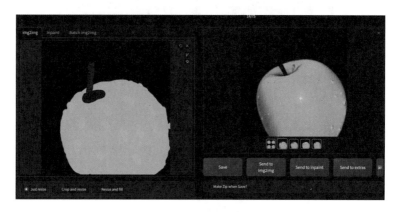

图 3-20　图生图样例

1. 基础原理

图生图功能的基础是一个深度神经网络，它通过大量的图像和文本数据训练而成。在这个过程中，网络学习到了如何识别和理解各种图像的视觉特征，以及这些特征与文本描述之间的关系。当我们提供一幅图像和一个相关的文本提示时，Stable Diffusion 的模型会分析图像内容，并根据文本提示对其进行转换或增强。

2. 实际应用

想象一下，你手中有一张普通的街景照片，你想将它转换成具有梵高风格的油画。在 Stable Diffusion 中，你只须上传这张照片，并输入一个简单的文本提示，比如"以梵高的星夜风格重绘这张街景照片"。此时，模型会分析初始图像的内容，结合你提供的风格提示，生成一幅全新的、具有梵高特色的街景画作。

3. 示例提示

图生图功能的一些示例提示如下。
- 风格转换："将这张城市街景照片转换成 19 世纪印象派风格的画作。"
- 细节增强："对这张模糊的旧照片进行清晰化处理，恢复其原有的细节和色彩。"

● 创意重塑："将这张猫的照片重塑成一个卡通版本，风格类似于迪士尼动画。"

4. 注意事项

使用图生图功能时，需要注意一些重要的道德和法律问题。例如，当处理他人的艺术作品或受版权保护的图像时，必须遵守相关的版权法规。此外，虽然 Stable Diffusion 的图生图功能强大，但它也有一定的局限性，比如对于非常细小或复杂的细节可能难以精确重现。

通过 Stable Diffusion 的图生图功能，我们可以将普通照片转换成令人惊叹的艺术作品，或对图像进行各种创意性的改造。这一技术不仅为艺术家和设计师提供了新的工具，也为普通用户开启了探索和创造美丽图像的新路径。

3.3.3 图像编辑：用 AI 技术重塑视觉记忆

Stable Diffusion 在图像编辑领域提供了强大而灵活的工具，使用户能够用前所未有的方式改进照片或进行个性化操作，如图 3-21 所示。无论是提高照片质量、调整风格，还是添加创意元素，图像编辑功能都能以高度自动化和创新的方式实现。

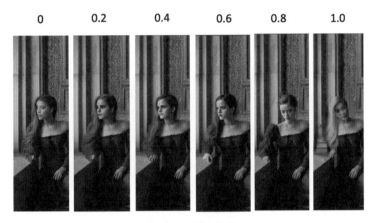

图 3-21　图像编辑

1. 基础原理

图像编辑功能依托于 Stable Diffusion 的深度学习模型，该模型经过大量的图像数据训练，学会了理解和处理各种视觉元素。通过这些先进的算法，用户可以对照片进行各种编辑操作，包括但不限于颜色调整、构图优化、细节增强等。

2. 实际应用

例如，你有一张旧照片，想要恢复其色彩和细节，甚至将其转换为不同的艺术风格。通过 Stable Diffusion，你只须上传照片并选择相应的编辑操作，如"增强色彩饱和度"或"应用印象派风格滤镜"，系统便会自动处理并呈现出全新的图像。

3. 示例提示

图像编辑功能的一些示例提示如下。

● 色彩增强："提高这张照片的色彩饱和度，使其看起来更生动。"
● 风格转换："将这张城市风光照片转换成黑白摄影风格。"
● 细节修复："修复这张旧照片中的划痕和褪色部分，恢复初始细节。"

4. 注意事项

在使用图像编辑功能时，需要注意保留照片的初始感觉和意图。过度编辑可能会失去照片的自然美感。同时，对于受版权保护的照片，应确保编辑操作符合法律规定。此外，虽然 Stable Diffusion 提供了强大的编辑能力，但它也有一定的限制，比如无法完全恢复极度损坏的照片细节。

Stable Diffusion 的图像编辑功能开辟了新的可能，使我们能够以前所未有的方式改善照片或进行个性化操作。无论是专业摄影师还是业余爱好者，都可以利用这一功能提升其作品的视觉效果和艺术价值。

3.3.4 制作视频：用 AI 赋予画面动态生命

Stable Diffusion 在视频制作领域的应用，为用户提供了将静态图像转换成动态视频的能力。这一功能不仅可以增强视觉体验，还能为创意表达带来新的维度。

1. 基础原理

Stable Diffusion 的制作视频功能基于深度学习模型，该模型不仅理解静态图像，还能捕捉和模拟动态变化。利用这一技术，用户可以将一系列图像转换成流畅的视频序列，或者为静态图像增添动态元素，创造出生动的视觉故事。

2. 实际应用

假设你有一系列描绘日落场景的照片，想要将它们合成为一个时间流逝的视频。通过 Stable Diffusion，你可以上传这些图像，并指定想要表达的动态效果，如"将这些照片合成为展示日落过程的时间流逝视频"。模型将自动分析图像之间的关联，并生成一个平滑的视频序列。

3. 示例提示

制作视频功能的一些示例提示如下。
- 时间流逝："将这组记录花朵盛开过程的图像合成为时间流逝视频。"
- 动态增强："在这张海滩照片中添加波浪动态效果，创造出海浪拍打沙滩的视觉效果。"
- 情绪表达："将这张安静森林的照片转换为展示轻风拂动树叶的动态视频。"

4. 注意事项

在使用制作视频功能时，需要注意视频的流畅度和逼真度。过度的动态效果可能会使视频显得不自然。此外，处理复杂动态时，模型的表现可能受限于其训练数据。对于涉及版权或隐私的内容，用户应确保其视频制作符合相应的法律规定。

Stable Diffusion 的视频制作功能为用户打开了一个全新的创意领域，能够将静态图像转换为富有表现力的动态视频。无论是个人项目还是专业制作，这一功能都能提供强大的支持，帮助用户以全新的方式讲述视觉故事。

3.4 文生图

当人们谈论 Stable Diffusion 时，通常首先想到的是文本到图像的功能。这项功能能够根据文本描述（如"丛林中的宇航员，冷色调，柔和色彩，细致，8K 分辨率"）生成图像，这种描述也被称为提示。

从高层次来看,Stable Diffusion 接收一个提示和一些随机初始噪声,然后通过迭代的方式逐步移除噪声来构建图像。去噪过程由提示引导,一旦去噪过程在预定的时间步数后结束,图像提示就会被解码成图像。

在 Diffusers 中,读者可以通过两个步骤根据提示生成图像。

第 1 步,将一个 checkpoint 加 载 到 AutoPipelineForText2Image 类中,这个类会基于 checkpoint 自动检测合适的 pipeline 类并应用。示例代码如下。

```Python
from diffusers import AutoPipelineForText2Image
import torch

pipeline = AutoPipelineForText2Image.from_pretrained(
        "runwayml/stable-diffusion-v1-5", torch_dtype=torch.float16,
variant="fp16"
).to("cuda")
```

第 2 步,向 pipeline 传递一个提示来生成图像。示例代码如下。

```Python
image = pipeline(
        "stained glass of darth vader, backlight, centered composition,
masterpiece, photorealistic, 8k"
).images[0]
image
```

运行上述代码,输出如图 3-22 所示。

图 3-22　生成的最终图像

3.4.1　流行的模型

目前常见的文本到图像模型包括 Stable Diffusion v1.5、Stable Diffusion XL（简称 SDXL）和 Kandinsky 2.2。还有一些 ControlNet 模型或适配器,它们可以与文本到图像模型一起使用,以更直接地控制图像生成。由于这些模型的架构和训练过程不同，因此每种模型的结果都有所不同，但无论你选择哪种模型，它们的使用方式大致相同。接下来我们使用同一个提示在每个模型上进行尝试，并比较它们的结果。

1. Stable Diffusion v1.5

Stable Diffusion v1.5 是一种从 Stable Diffusion v1.4 初始化并针对 LAION-Aesthetics V2 数据集中的 512 像素 ×512 像素图像进行 595K 步微调的潜在扩散模型。使用这个模型的示例代码如下。

```Python
from diffusers import AutoPipelineForText2Image
import torch

pipeline = AutoPipelineForText2Image.from_pretrained(
        "runwayml/stable-diffusion-v1-5", torch_dtype=torch.float16,
variant="fp16"
).to("cuda")
generator = torch.Generator("cuda").manual_seed(31)
image = pipeline("Astronaut in a jungle, cold color palette, muted colors,
detailed, 8k", generator=generator).images[0]
image
```

运行上述代码，输出如图 3-23 所示。

图 3-23　Stable Diffusion v1.5 生成的图像

2. Stable Diffusion XL

Stable Diffusion XL 是之前 Stable Diffusion 模型的一个更大型版本，它采用了一个两阶段的模型过程，为图像增加了更多细节。此外，它还包括一些额外的微调节，可以生成以中心主题为核心的高质量图像。使用这个模型的示例代码如下。

```Python
from diffusers import AutoPipelineForText2Image
import torch
```

```
pipeline = AutoPipelineForText2Image.from_pretrained(
    "stabilityai/stable-diffusion-xl-base-1.0", torch_dtype=torch.float16,
variant="fp16"
).to("cuda")
generator = torch.Generator("cuda").manual_seed(31)
image = pipeline("Astronaut in a jungle, cold color palette, muted colors,
detailed, 8k", generator=generator).images[0]
image
```

运行上述代码，输出如图 3-24 所示。

图 3-24　Stable Diffusion XL 生成的图像

3. Kandinsky 2.2

Kandinsky 模型与 Stable Diffusion 模型有所不同，因为它还使用了一个图像先验模型来创建嵌入，这些嵌入用于在 Stable Diffusion 模型中更好地对齐文本和图像，使潜在扩散模型能够生成更好的图像。使用这个模型的示例代码如下。

```Python
from diffusers import AutoPipelineForText2Image
import torch

pipeline = AutoPipelineForText2Image.from_pretrained(
    "kandinsky-community/kandinsky-2-2-decoder", torch_dtype=torch.float16
).to("cuda")
generator = torch.Generator("cuda").manual_seed(31)
image = pipeline("Astronaut in a jungle, cold color palette, muted colors,
detailed, 8k", generator=generator).images[0]
image
```

运行上述代码，输出如图 3-25 所示。

图 3-25 Kandinsky 2.2 生成的图像

4. ControlNet

ControlNet 模型是辅助模型或适配器，它们在文本到图像模型（如 Stable Diffusion v1.5）的基础上进行了微调。通过将 ControlNet 模型与文本到图像模型结合使用，可以获得更多显式控制图像生成方式的多样化选项。在使用 ControlNet 时，你需要向模型添加一个额外的条件输入图像。例如，如果你提供一个人体姿势图像（通常表示为由多个关键点连接而成的骨架）作为条件输入，模型将生成一个遵循该姿势的图像。

在这个例子中，我们以一个人体姿势估计图像作为 ControlNet 的条件。首先，加载预训练于人体姿势估计的 ControlNet 模型。示例代码如下。

```Python
from diffusers import ControlNetModel, AutoPipelineForText2Image
from diffusers.utils import load_image
import torch

controlnet = ControlNetModel.from_pretrained(
        "lllyasviel/control_v11p_sd15_openpose", torch_dtype=torch.float16,
variant="fp16"
).to("cuda")
pose_image = load_image("https://huggingface.co/lllyasviel/control_v11p_sd15_
openpose/resolve/main/images/control.png")
```

接下来，将 ControlNet 传递给 AutoPipelineForText2Image，并给出提示和姿势估计图像。示例代码如下。

```Python
pipeline = AutoPipelineForText2Image.from_pretrained(
        "runwayml/stable-diffusion-v1-5", controlnet=controlnet, torch_
dtype=torch.float16, variant="fp16"
).to("cuda")
```

```
generator = torch.Generator("cuda").manual_seed(31)
image = pipeline("Astronaut in a jungle, cold color palette, muted colors,
detailed, 8k", image=pose_image, generator=generator).images[0]
image
```

运行上述代码，输出如图 3-26 所示。

图 3-26　ControlNet（pose conditioning）生成的图像

3.4.2　配置 pipeline 参数

在 pipeline 中，可以配置的参数有许多。这些参数影响图像的生成方式。通过修改这些参数，可以更改图像的输出大小，指定负面提示以提高图像质量等。本节将深入探讨如何使用这些参数。

1. height 和 width 参数

height（高度）和 width（宽度）参数控制生成图像的高度和宽度（以像素为单位）。在默认情况下，Stable Diffusion v1.5 模型输出的图像大小为 512 像素 ×512 像素，但读者可以将其更改为任何 8 的倍数的大小。例如，可以使用如下代码创建一幅矩形图像。

```
Python
from diffusers import AutoPipelineForText2Image
import torch

pipeline = AutoPipelineForText2Image.from_pretrained(
        "runwayml/stable-diffusion-v1-5", torch_dtype=torch.float16,
variant="fp16"
).to("cuda")
image = pipeline(
        "Astronaut in a jungle, cold color palette, muted colors, detailed, 8k",
height=768, width=512
```

```
).images[0]
image
```

运行上述代码，输出如图 3-27 所示。

图 3-27 输出矩形图像

> 🔲 **小提示**
>
> 其他模型可能会根据训练数据集中的图像大小提供不同的默认图像尺寸。例如，Stable Diffusion XL 的默认图像大小是 1024 像素 ×1024 像素，使用较低的高度值和宽度值可能会导致图像质量下降。在使用前，请确保先查阅模型的 API 参考文档。

2. guidance_scale 参数

guidance_scale（引导比例）参数影响提示对图像生成的影响程度。较低的 guidance_scale 值赋予模型"创造力"，生成与提示关系更松散的图像。较高的 guidance_scale 值则促使模型更紧密地遵循提示，如果这个值过高，你可能会在生成的图像中观察到一些人工痕迹。示例代码如下。

```Python
from diffusers import AutoPipelineForText2Image
import torch

pipeline = AutoPipelineForText2Image.from_pretrained(
        "runwayml/stable-diffusion-v1-5", torch_dtype=torch.float16
).to("cuda")
image = pipeline(
        "Astronaut in a jungle, cold color palette, muted colors, detailed, 8k",
guidance_scale=3.5
).images[0]
image
```

图 3-28~ 图 3-30 展示了 guidance_scale 分别为 3.5、7.5 和 10 时模型生成的图像。

图 3-28　guidance_scale = 3.5 时　　图 3-29　guidance_scale = 7.5 时　　图 3-30　guidance_scale = 10 时
　　　　模型生成的图像　　　　　　　　　　模型生成的图像　　　　　　　　　　模型生成的图像

3. negative_prompt 参数

就像提示指导图像生成一样，negative_prompt 参数可以引导模型避开你不希望生成的内容。这通常用于通过去除诸如"低分辨率"或"细节差"等不良或不佳的图像特征来提高整体图像质量。你还可以使用负面提示来移除或修改图像的内容和风格。示例代码如下。

```Python
from diffusers import AutoPipelineForText2Image
import torch

pipeline = AutoPipelineForText2Image.from_pretrained(
      "runwayml/stable-diffusion-v1-5", torch_dtype=torch.float16
).to("cuda")
image = pipeline(
        prompt="Astronaut in a jungle, cold color palette, muted colors,
detailed, 8k",
      negative_prompt="ugly, deformed, disfigured, poor details, bad anatomy",
).images[0]
image
```

使用不同 negative_prompt 参数的模型生成的图像如图 3-31 和图 3-32 所示，我们可以从中清晰地看出差别。

图 3-31　negative_prompt = "ugly, deformed, disfigured,　　　图 3-32　negative_prompt = "astronaut"
　　　　poor details, bad anatomy" 时模型生成的图像　　　　　　　　时模型生成的图像

4. generator 参数

在 pipeline 中使用 torch.Generator 对象可以通过设置手动种子来实现可重复性。你可以使用 generator（生成器）参数生成图像批次，并根据《使用确定性生成提高图像质量》指南中的详细说明，对基于种子生成的图像进行迭代改进。

你可以按照下面的方式设置种子和 generator。使用 generator 创建的图像应该每次返回相同的结果，而不是随机生成新图像。

```Python
from diffusers import AutoPipelineForText2Image
import torch

pipeline = AutoPipelineForText2Image.from_pretrained(
    "runwayml/stable-diffusion-v1-5", torch_dtype=torch.float16
).to("cuda")
generator = torch.Generator(device="cuda").manual_seed(30)
image = pipeline(
    "Astronaut in a jungle, cold color palette, muted colors, detailed, 8k",
    generator=generator,
).images[0]
image
```

3.4.3 控制图像生成

除了配置 pipeline 参数以外，还有几种方法可以更多地控制图像的生成，例如提示加权和使用 ControlNet 模型。这些方法提供了额外的手段来精确地指导和影响图像的生成过程。

1. 提示加权

提示加权（prompt weighting）是一种用于增加或减少提示中概念的重要性的技术，通常用于强调或最小化图像中的某些特征，可以使用 Compel 库来帮助生成加权的提示嵌入。通过这种方法，你可以更精确地调整图像中的特定细节或特征。

创建嵌入后，可以将它们传递给 pipeline 中的 prompt_embeds 参数（如果使用负面提示，还可以使用 negative_prompt_embeds 参数）。示例代码如下。

```Python
from diffusers import AutoPipelineForText2Image
import torch

pipeline = AutoPipelineForText2Image.from_pretrained(
    "runwayml/stable-diffusion-v1-5", torch_dtype=torch.float16
).to("cuda")
image = pipeline(
    prompt_embeds=prompt_embeds, # generated from Compel
    negative_prompt_embeds=negative_prompt_embeds, # generated from Compel
).images[0]
```

2. ControlNet

在 3.4.1 节中，我们了解到这些模型通过加入额外的条件图像输入，提供了更灵活、准确的图像生成方式。每个 ControlNet 模型都预先训练在特定类型的条件图像上，以生成类似的新图像。例如，使用在深度图上预训练的 ControlNet 模型，可以给模型一个深度图作为条件输入，它将生成保留空间信息的图像。这比在提示中指定深度信息更快、更简单，你甚至可以用 MultiControlNet 结合多个条件输入！

当然，你也可以使用多种类型的条件输入，Diffusers 支持 Stable Diffusion 和 Stable Diffusion XL 的 ControlNet。你可以通过查看更全面的 ControlNet 使用指南来进一步使用这些模型。

3.4.4 优化操作

Stable Diffusion 的体积庞大，去噪图像的迭代本质在计算层面上需要大量的算力。但这并不意味着你需要算力强大的 GPU 或很多 GPU 来运行它们，在使用消费者和免费层资源运行 Stable Diffusion 时，有许多优化技巧。例如，可以以半精度加载模型权重，从而节省 GPU 内存并提高速度，或将整个模型下载到 GPU 以节省更多内存。

PyTorch 2.0 还支持一种更节省内存的注意力机制，称为缩放点积注意力（scaled dot-product attention），如果你使用 PyTorch 2.0，它会自动启用。同时，还可以结合 torch.compile 进一步加快代码运行速度。示例代码如下。

```Python
from diffusers import AutoPipelineForText2Image

import torch

pipeline = AutoPipelineForText2Image.from_pretrained("runwayml/stable-diffusion-v1-5", torch_dtype=torch.float16, variant="fp16").to("cuda")
pipeline.unet = torch.compile(pipeline.unet, mode="reduce-overhead", fullgraph=True)
```

3.5 图生图

图生图类似于文本到图像。但除一个提示以外，你还可以传递一个初始图像作为扩散过程的起点。初始图像被编码到潜在空间中，并向其添加噪声。然后，潜在扩散模型接受一个提示和噪声潜在图像，预测添加的噪声，并从初始潜在图像中移除预测的噪声，以获得新的潜在图像。最后，一个解码器将新的潜在图像解码回图像。

3.5.1 快速入门

我们使用 Hugging Face 的 Diffuser 来实现此过程，具体步骤如下。

第 1 步，将 checkpoint 加载到 AutoPipelineForImage2Image 类中。这个 pipeline 会基于 checkpoint 自动加载正确的 pipeline 类。示例代码如下。

```Python
import torch
from diffusers import AutoPipelineForImage2Image
from diffusers.utils import load_image, make_image_grid

pipeline = AutoPipelineForImage2Image.from_pretrained(
    "kandinsky-community/kandinsky-2-2-decoder", torch_dtype=torch.float16, use_
safetensors=True
)
pipeline.enable_model_cpu_offload()
# 如果未安装 xFormers 或安装 PyTorch 2.0 及更高版本, 则移除下面这行代码
pipeline.enable_xformers_memory_efficient_attention()
```

> **小提示**
>
> 本书使用了 enable_model_cpu_offload 和 enable_xformers_memory_efficient_attention 函数来节省内存并提高推理速度。如果你正在使用 PyTorch 2.0, 那么无须在 pipeline 上调用 enable_xformers_memory_efficient_attention 函数, 因为它已经支持 PyTorch 2.0 的原生缩放点积注意力机制。

第 2 步, 加载一幅图像 (见图 3-33) 并传递给 pipeline。示例代码如下。

```Python
init_image = load_image("https://raw.githubusercontent.com/CompVis/stable-
diffusion/main/assets/stable-samples/img2img/sketch-mountains-input.jpg")
```

第 3 步, 传递一个提示和图像给 pipeline 以生成一幅图像 (见图 3-34)。示例代码如下。

```Python
prompt = "ghibli style, a fantasy landscape with castles"
image = pipeline(prompt, image=init_image).images[0]
make_image_grid([init_image, image], rows=1, cols=2)
```

图 3-33　初始图像

图 3-34　生成的图像

3.5.2　流行的模型

最受欢迎的图像到图像模型是 Stable Diffusion v1.5、Stable Diffusion XL 和 Kandinsky 2.2。由于这些模型的架构和训练过程不同, Stable Diffusion 和 Kandinsky 模型的结果也不相同。一

般而言，你可以期待 Stable Diffusion XL 产生比 Stable Diffusion v1.5 更高质量的图像。

1. Stable Diffusion v1.5

关于 Stable Diffusion v1.5 的更多信息，请参见 3.4.1 节。在使用 Stable Diffusion v1.5 时，首先需要准备一幅初始图像并传递给 pipeline，然后传递一个提示和图像给 pipeline 以生成新图像。示例代码如下。

```Python
import torch
from diffusers import AutoPipelineForImage2Image
from diffusers.utils import make_image_grid, load_image

pipeline = AutoPipelineForImage2Image.from_pretrained(
    "runwayml/stable-diffusion-v1-5", torch_dtype=torch.float16, variant="fp16",
use_safetensors=True
)
pipeline.enable_model_cpu_offload()
# remove following line if xFormers is not installed or you have PyTorch 2.0
or higher installed
pipeline.enable_xformers_memory_efficient_attention()

# prepare image
url = "https://huggingface.co/datasets/huggingface/documentation-images/
resolve/main/diffusers/img2img-init.png"

init_image = load_image(url)

prompt = "Astronaut in a jungle, cold color palette, muted colors, detailed,
8k"
# prompt = "太空人在丛林中，冷色调，柔和色彩，详细，8k"
# pass prompt and image to pipeline
image = pipeline(prompt, image=init_image).images[0]
make_image_grid([init_image, image], rows=1, cols=2)
```

运行上述代码，初始图像与生成的图像的对比如图 3-35 所示。

图 3-35　初始图像与生成的图像的对比

2. Stable Diffusion XL

关于 Stable Diffusion XL 的更多信息，请参见 3.4.1 节。使用这个模型的示例代码如下。

```Python
import torch
from diffusers import AutoPipelineForImage2Image
from diffusers.utils import make_image_grid, load_image

pipeline = AutoPipelineForImage2Image.from_pretrained(
    "stabilityai/stable-diffusion-xl-refiner-1.0", torch_dtype=torch.float16,
variant="fp16", use_safetensors=True
)
pipeline.enable_model_cpu_offload()
# 如果未安装 xFormers 或安装 PyTorch 2.0 及更高版本，则移除下面这行代码
pipeline.enable_xformers_memory_efficient_attention()

# 准备图像
url = "https://huggingface.co/datasets/huggingface/documentation-images/
resolve/main/diffusers/img2img-sdxl-init.png"

init_image = load_image(url)

prompt = "Astronaut in a jungle, cold color palette, muted colors, detailed,
8k"
# prompt = "太空人在丛林中，冷色调，柔和色彩，详细，8k"

# 传递提示和图像给 pipeline
image = pipeline(prompt, image=init_image, strength=0.5).images[0]
make_image_grid([init_image, image], rows=1, cols=2)
```

运行上述代码，初始图像与生成的图像的对比如图 3-36 所示。

图 3-36　初始图像与生成的图像的对比

3. Kandinsky 2.2

关于 Kandinsky 2.2 的更多信息，请参见 3.4.1 节。使用这个模型的示例代码如下。

```Python
import torch
from diffusers import AutoPipelineForImage2Image
from diffusers.utils import make_image_grid, load_image

pipeline = AutoPipelineForImage2Image.from_pretrained(
    "kandinsky-community/kandinsky-2-2-decoder", torch_dtype=torch.float16, use_
safetensors=True
)
pipeline.enable_model_cpu_offload()
# 如果未安装 xFormers 或安装 PyTorch 2.0 及更高版本，则移除下面这行代码
pipeline.enable_xformers_memory_efficient_attention()

# 准备图像
url = "https://huggingface.co/datasets/huggingface/documentation-images/
resolve/main/diffusers/img2img-init.png"

init_image = load_image(url)

prompt = "Astronaut in a jungle, cold color palette, muted colors, detailed,
8k"
#prompt = " 太空人在丛林中，冷色调，柔和色彩，详细，8k"

# 传递提示和图像给 pipeline
image = pipeline(prompt, image=init_image).images[0]
make_image_grid([init_image, image], rows=1, cols=2)
```

运行上述代码，初始图像与生成的图像的对比如图 3-37 所示。

图 3-37　初始图像与生成的图像的对比

3.5.3　配置 pipeline 参数

在 pipeline 中包含多个重要参数，这些参数会影响图像生成过程和图像质量。下面将介绍这些参数及其使用方式。

1. strength 参数

strength（强度）参数是需要考虑的最重要的参数之一，它对生成的图像有巨大影响。它决定了生成的图像与初始图像的相似程度。

- 更高的 strength 值给予模型更多"创造力"来生成与初始图像不同的图像。strength 值为 1.0，意味着基本忽略初始图像。
- 更低的 strength 值意味着生成的图像更接近初始图像。

strength 和 num_inference_steps 参数是相关的，因为 strength 决定了要添加的噪声步骤数量。如果 num_inference_steps 为 50 且 strength 为 0.8，则意味着向初始图像添加 40 步（50×0.8）的噪声，然后进行 40 步去噪以获取新生成的图像，示例代码如下。

```Python
import torch
from diffusers import AutoPipelineForImage2Image
from diffusers.utils import make_image_grid, load_image

pipeline = AutoPipelineForImage2Image.from_pretrained(
    "runwayml/stable-diffusion-v1-5", torch_dtype=torch.float16, variant="fp16",
use_safetensors=True
)
pipeline.enable_model_cpu_offload()
# remove following line if xFormers is not installed or you have PyTorch 2.0
or higher installed
pipeline.enable_xformers_memory_efficient_attention()

# prepare image
url = "https://huggingface.co/datasets/huggingface/documentation-images/
resolve/main/diffusers/img2img-init.png"
init_image = load_image(url)

prompt = "Astronaut in a jungle, cold color palette, muted colors, detailed,
8k"

# pass prompt and image to pipeline
image = pipeline(prompt, image=init_image, strength=0.8).images[0]
make_image_grid([init_image, image], rows=1, cols=2)
```

如图 3-38~图 3-40 所示，随着 strength 值增加，生成的图像与初始图像的差别越来越大，同时越来越接近提示的内容。

图 3-38　strength 为 0.4 时初始图像与生成的图像的对比

图 3-39　strength 为 0.6 时初始图像与生成的图像的对比

图 3-40　strength 为 0.8 时初始图像与生成的图像的对比

2. guidance_scale 参数

更多关于 guidance_scale 参数的信息，请参见 3.4.2 节。你可以将 guidance_scale 与 strength 结合使用，以获得对模型表达能力的更精确控制。例如，结合使用高 strength 和高 guidance_scale 以获得最大创造力，或者使用低 strength 和低 guidance_scale 的组合来生成一个类似于初始图像但不那么严格限制于提示的图像。示例代码如下。

```Python
from diffusers import AutoPipelineForText2Image
import torch

pipeline = AutoPipelineForText2Image.from_pretrained(
    "runwayml/stable-diffusion-v1-5", torch_dtype=torch.float16
).to("cuda")
image = pipeline(
    "Astronaut in a jungle, cold color palette, muted colors, detailed, 8k",
guidance_scale=3.5
).images[0]
image
```

图 3-41~图 3-43 展示了 guidance_scale 分别为 3.5、5 和 10 时模型生成的图像。

图 3-41　guidance_scale = 3.5 时
模型生成的图像

图 3-42　guidance_scale = 5 时
模型生成的图像

图 3-43　guidance_scale = 10 时
模型生成的图像

3. negative_prompt 参数

更多关于 negative_prompt 参数的信息，请参见 3.4.2 节。negative_prompt 参数通常用于通过移除如"低分辨率"或"细节差"等不良图像特征来提高整体图像质量。如果输入其他负面提示，如丛林"Jungle"，则发现图像中不会出现丛林。我们还可以使用 negative_prompt 来移除或修改图像的内容和风格。我们可以从 diffusers 库中导入 AutoPipelineForText2Image 函数来实现此功能。示例代码如下。

```Python
import torch
from diffusers import AutoPipelineForImage2Image
from diffusers.utils import make_image_grid, load_image

pipeline = AutoPipelineForImage2Image.from_pretrained(
    "stabilityai/stable-diffusion-xl-refiner-1.0", torch_dtype=torch.float16,
variant="fp16", use_safetensors=True
)
pipeline.enable_model_cpu_offload()
```

```
# remove following line if xFormers is not installed or you have PyTorch 2.0
or higher installed
    pipeline.enable_xformers_memory_efficient_attention()

    # prepare image
    url = "https://huggingface.co/datasets/huggingface/documentation-images/
resolve/main/diffusers/img2img-init.png"
    init_image = load_image(url)

    prompt = "Astronaut in a jungle, cold color palette, muted colors, detailed,
8k"
    negative_prompt = "ugly, deformed, disfigured, poor details, bad anatomy"

    # pass prompt and image to pipeline
    image = pipeline(prompt, negative_prompt=negative_prompt, image=init_image).
images[0]
    make_image_grid([init_image, image], rows=1, cols=2)
```

3.5.4　链式图像到图像 pipeline

除了生成图像以外，可以通过其他有趣的方式使用图像到图像 pipeline，还可以更进一步，将其与其他 pipeline 串联。

1. 从文本到图像，再从图像到图像

将文本到图像和图像到图像的 pipeline 进行串联，可以让你从文本生成图像，然后使用生成的图像作为图像到图像 pipeline 的初始图像。这在你想要完全从头开始生成图像时非常有用。例如，让我们将稳定扩散模型和康定斯基模型串联起来。

首先，使用文本到图像 pipeline 生成一幅图像。示例代码如下。

```
Python
from diffusers import AutoPipelineForText2Image, AutoPipelineForImage2Image
import torch
from diffusers.utils import make_image_grid

pipeline = AutoPipelineForText2Image.from_pretrained(
    "runwayml/stable-diffusion-v1-5", torch_dtype=torch.float16, variant="fp16",
use_safetensors=True
    )
    pipeline.enable_model_cpu_offload()
    # remove following line if xFormers is not installed or you have PyTorch 2.0
or higher installed
    pipeline.enable_xformers_memory_efficient_attention()

    text2image = pipeline("Astronaut in a jungle, cold color palette, muted
colors, detailed, 8k").images[0]
    text2image
```

然后，将生成的图像传递给图像到图像 pipeline。示例代码如下。

```python
Python
pipeline = AutoPipelineForImage2Image.from_pretrained(
    "kandinsky-community/kandinsky-2-2-decoder", torch_dtype=torch.float16, use_
safetensors=True
)
pipeline.enable_model_cpu_offload()
# remove following line if xFormers is not installed or you have PyTorch 2.0
or higher installed
pipeline.enable_xformers_memory_efficient_attention()

image2image = pipeline("Astronaut in a jungle, cold color palette, muted
colors, detailed, 8k", image=text2image).images[0]
make_image_grid([text2image, image2image], rows=1, cols=2)
```

2. 图像到图像串联

可以将多个图像到图像 pipeline 串联在一起，以创建更有趣的图像。这对于迭代地在图像上进行风格转换、生成短 GIF、恢复图像的颜色，或修复图像的缺失区域非常有用。

首先，通过如下代码生成一幅图像。

```python
Python
import torch
from diffusers import AutoPipelineForImage2Image
from diffusers.utils import make_image_grid, load_image

pipeline = AutoPipelineForImage2Image.from_pretrained(
    "runwayml/stable-diffusion-v1-5", torch_dtype=torch.float16, variant="fp16",
use_safetensors=True
)
pipeline.enable_model_cpu_offload()
# remove following line if xFormers is not installed or you have PyTorch 2.0
or higher installed
# pipeline.enable_xformers_memory_efficient_attention()

# prepare image
url = "https://huggingface.co/datasets/huggingface/documentation-images/
resolve/main/diffusers/img2img-init.png"
init_image = load_image(url)

prompt = "Astronaut in a jungle, cold color palette, muted colors, detailed, 8k"

# pass prompt and image to pipeline
image = pipeline(prompt, image=init_image, output_type="latent").images[0]
```

然后，将这个 pipeline 的潜在输出传递给下一个 pipeline，以生成一幅漫画风格的图像。示例代码如下。

```Python
pipeline = AutoPipelineForImage2Image.from_pretrained(
    "ogkalu/Comic-Diffusion", torch_dtype=torch.float16
)
pipeline.enable_model_cpu_offload()
# remove following line if xFormers is not installed or you have PyTorch 2.0
or higher installed

#pipeline.enable_xformers_memory_efficient_attention()

# need to include the token "charliebo artstyle" in the prompt to use this
checkpoint
image = pipeline("Astronaut in a jungle, charliebo artstyle", image=image,
output_type="latent").images[0]
```

运行上述代码，初始图像与生成的动漫风格的图像的对比如图 3-44 所示。

图 3-44 初始图像与生成的动漫风格的图像的对比

重复一次上述过程，以生成最终的像素艺术风格图像。示例代码如下。

```Python
pipeline = AutoPipelineForImage2Image.from_pretrained(
    "kohbanye/pixel-art-style", torch_dtype=torch.float16
)
pipeline.enable_model_cpu_offload()
# remove following line if xFormers is not installed or you have PyTorch 2.0
or higher installed
```

```
#pipeline.enable_xformers_memory_efficient_attention()

# need to include the token "pixelartstyle" in the prompt to use this
checkpoint
image = pipeline("Astronaut in a jungle, pixelartstyle", image=image).
images[0]
make_image_grid([init_image, image], rows=1, cols=2)
```

运行上述代码，初始图像与生成的像素艺术风格的图像的对比如图 3-45 所示。

图 3-45　初始图像与生成的像素艺术风格的图像的对比

3. 图像到放大器到超分辨率

可以将图像到图像 pipeline 与放大器和超分辨率 pipeline 串联，以真正提高图像的细节水平。

首先，从图像到图像 pipeline 开始。示例代码如下。

```Python
import torch
from diffusers import AutoPipelineForImage2Image
from diffusers.utils import make_image_grid, load_image

pipeline = AutoPipelineForImage2Image.from_pretrained(
    "runwayml/stable-diffusion-v1-5", torch_dtype=torch.float16, variant="fp16",
use_safetensors=True
)
pipeline.enable_model_cpu_offload()
# remove following line if xFormers is not installed or you have PyTorch 2.0
or higher installed
pipeline.enable_xformers_memory_efficient_attention()

# prepare image
url = "https://huggingface.co/datasets/huggingface/documentation-images/
resolve/main/diffusers/img2img-init.png"
```

```
init_image = load_image(url)

prompt = "Astronaut in a jungle, cold color palette, muted colors, detailed,
8k"

# pass prompt and image to pipeline
image_1 = pipeline(prompt, image=init_image, output_type="latent").images[0]
```

接下来，将该 pipeline 与放大器 pipeline 串联，以提高图像分辨率。示例代码如下。

```Python
from diffusers import StableDiffusionLatentUpscalePipeline

upscaler = StableDiffusionLatentUpscalePipeline.from_pretrained(
    "stabilityai/sd-x2-latent-upscaler", torch_dtype=torch.float16,
variant="fp16", use_safetensors=True
    )
upscaler.enable_model_cpu_offload()
upscaler.enable_xformers_memory_efficient_attention()

image_2 = upscaler(prompt, image=image_1, output_type="latent").images[0]
```

最后，将串联后的 pipeline 与超分辨率 pipeline 串联，以进一步提高分辨率。示例代码
如下。

```Python
from diffusers import StableDiffusionUpscalePipeline

super_res = StableDiffusionUpscalePipeline.from_pretrained(
    "stabilityai/stable-diffusion-x4-upscaler", torch_dtype=torch.float16,
variant="fp16", use_safetensors=True
    )
super_res.enable_model_cpu_offload()
super_res.enable_xformers_memory_efficient_attention()

image_3 = super_res(prompt, image=image_2).images[0]
make_image_grid([init_image, image_3.resize((512, 512))], rows=1, cols=2)
```

3.5.5 控制图像生成

尝试生成完全符合你的想象的图像可能很困难，这就是为什么控制生成技术和模型如此有
用。虽然你可以使用 negative_prompt 部分控制图像生成，但还有更健壮的方法，如提示加权和
ControlNets。

1. 提示加权

关于提示加权的更多信息，请参见 3.4.3 节。Compel 库提供了一个简单的语法来调整

提示加权并生成嵌入。读者可以在提示加权指南中了解如何创建嵌入。可以将嵌入传递给 AutoPipelineForImage2Image 的 prompt_embeds（如果使用 negative_prompt，则为 negative_prompt_embeds）参数，它可以替代 prompt 参数。示例代码如下。

```Python
from diffusers import AutoPipelineForImage2Image
import torch

pipeline = AutoPipelineForImage2Image.from_pretrained(
    "runwayml/stable-diffusion-v1-5", torch_dtype=torch.float16, variant="fp16",
use_safetensors=True
)
pipeline.enable_model_cpu_offload()
# remove following line if xFormers is not installed or you have PyTorch 2.0
or higher installed
pipeline.enable_xformers_memory_efficient_attention()

image = pipeline(prompt_embeds=prompt_embeds, # generated from Compel
    negative_prompt_embeds=negative_prompt_embeds, # generated from Compel
    image=init_image,
).images[0]
```

2. ControlNet

关于 ControlNet 的更多信息，请参见 3.4.3 节。这里通过一个示例来介绍。

首先，用深度图作为条件对图像进行条件处理，以保留图像中的空间信息。示例代码如下。

```Python
from diffusers.utils import load_image, make_image_grid

# prepare image
url = "https://huggingface.co/datasets/huggingface/documentation-images/
resolve/main/diffusers/img2img-init.png"
init_image = load_image(url)
init_image = init_image.resize((958, 960)) # resize to depth image dimensions
depth_image = load_image("https://huggingface.co/lllyasviel/control_v11f1p_
sd15_depth/resolve/main/images/control.png")
make_image_grid([init_image, depth_image], rows=1, cols=2)
```

初始图像如图 3-46 所示。

图 3-46 初始图像

然后，加载一个以深度图为条件的 ControlNet 模型和 AutoPipelineForImage2Image。示例代码如下。

```Python
from diffusers import ControlNetModel, AutoPipelineForImage2Image
import torch

controlnet = ControlNetModel.from_pretrained("lllyasviel/control_v11f1p_sd15_depth", torch_dtype=torch.float16, variant="fp16", use_safetensors=True)
pipeline = AutoPipelineForImage2Image.from_pretrained(
    "runwayml/stable-diffusion-v1-5", controlnet=controlnet, torch_dtype=torch.float16, variant="fp16", use_safetensors=True
)
pipeline.enable_model_cpu_offload()
# remove following line if xFormers is not installed or you have PyTorch 2.0 or higher installed
pipeline.enable_xformers_memory_efficient_attention()
```

运行上述代码，生成的图像如图 3-47 所示。

图 3-47 深度图像

接下来，根据初始图像（见图 3-46）、深度图像（见图 3-47）和提示生成新的图像。示例代码如下。

```Python
prompt = "Astronaut in a jungle, cold color palette, muted colors, detailed, 8k"
# prompt = "宇航员在丛林中，冷色调，柔和色彩，细节丰富，8k"
image_control_net = pipeline(prompt, image=init_image, control_image=depth_image).images[0]
make_image_grid([init_image, depth_image, image_control_net], rows=1, cols=3)
```

最后，将新的风格应用到 ControlNet 生成的图像上，使其与图像到图像 pipeline 串联。示例代码如下。

```Python
pipeline = AutoPipelineForImage2Image.from_pretrained(
    "nitrosocke/elden-ring-diffusion", torch_dtype=torch.float16,
)
pipeline.enable_model_cpu_offload()
# remove following line if xFormers is not installed or you have PyTorch 2.0 or higher installed
pipeline.enable_xformers_memory_efficient_attention()

prompt = "elden ring style astronaut in a jungle" # include the token "elden ring style" in the prompt
negative_prompt = "ugly, deformed, disfigured, poor details, bad anatomy"

image_elden_ring = pipeline(prompt, negative_prompt=negative_prompt, image=image_control_net, strength=0.45, guidance_scale=10.5).images[0]
make_image_grid([init_image, depth_image, image_control_net, image_elden_ring], rows=2, cols=2)
```

运行上述代码，生成的图像如图 3-48 所示。

图 3-48 基于初始图像和深度图像的 ControlNet 生成效果

3.6 图像修复

图像修复（inpainting）用于替换或编辑图像的特定区域，这使其成为一种用于图像修复的实用工具，如去除缺陷和伪影，或者用全新内容替换图像区域。图像修复依赖于遮罩来确定填充图像的哪些区域；需要修复的区域由白色像素表示，保留的区域由黑色像素表示。白色像素由提示填充。

3.6.1 使用 Diffusers 进行图像修复

使用 Diffusers 进行图像修复的步骤如下。

第 1 步，使用 AutoPipelineForInpainting 类加载一个图像修复 checkpoint。这会根据 checkpoint 自动检测要加载的适当 pipeline 类并应用。示例代码如下。

```Python
import torch
from diffusers import AutoPipelineForInpainting
from diffusers.utils import load_image, make_image_grid

pipeline = AutoPipelineForInpainting.from_pretrained(
    "kandinsky-community/kandinsky-2-2-decoder-inpaint", torch_dtype=torch.
float16
)
pipeline.enable_model_cpu_offload()
# remove following line if xFormers is not installed or you have PyTorch 2.0
or higher installed
pipeline.enable_xformers_memory_efficient_attention()
```

第 2 步，加载初始图像和遮罩图像。示例代码如下。

```Python
init_image = load_image("https://huggingface.co/datasets/huggingface/
documentation-images/resolve/main/diffusers/inpaint.png")
mask_image = load_image("https://huggingface.co/datasets/huggingface/
documentation-images/resolve/main/diffusers/inpaint_mask.png")
```

第 3 步，创建一个提示，并将其连同基础图像和遮罩图像一起传递给 pipeline。示例代码如下。

```Python
prompt = "a black cat with glowing eyes, cute, adorable, disney, pixar, highly
detailed, 8k"
negative_prompt = "bad anatomy, deformed, ugly, disfigured"
image = pipeline(prompt=prompt, negative_prompt=negative_prompt, image=init_
image, mask_image=mask_image).images[0]
make_image_grid([init_image, mask_image, image], rows=1, cols=3)
```

每个阶段涉及的图像如图 3-49~ 图 3-51 所示。

图 3-49 初始图像 图 3-50 遮罩图像 图 3-51 生成的图像

为方便起见，本书所有示例代码都提供了遮罩图像。读者可以在自己的图像上进行修复，但需要为其创建一幅遮罩图像。可以使用下面的空间轻松创建遮罩图像。

上传要进行修复的基础图像，并使用绘图工具绘制遮罩。完成后，单击"Run"按钮以生成并下载遮罩图像，如图 3-52 所示。

图 3-52 绘图工具示例

3.6.2 常用的模型

在流行的修复模型中，Stable Diffusion Inpainting、Stable Diffusion XL Inpainting 和 Kandinsky 2.2 Inpainting 是最受欢迎的。Stable Diffusion XL 通常比 Stable Diffusion v1.5 产生更高分辨率的图像，Kandinsky 2.2 也能生成高质量的图像。

1. Stable Diffusion Inpainting

Stable Diffusion Inpainting 是一个在 512 像素 ×512 像素图像上针对修复任务进行微调的潜

在扩散模型。它是一个很好的起点，因为它相对快速且能生成高质量图像。要使用此模型进行修复，需要将提示、基础图像和遮罩图像传递给 pipeline。示例代码如下。

```Python
import torch
from diffusers import AutoPipelineForInpainting
from diffusers.utils import load_image, make_image_grid

pipeline = AutoPipelineForInpainting.from_pretrained(
    "runwayml/stable-diffusion-inpainting", torch_dtype=torch.float16,
variant="fp16"
)
pipeline.enable_model_cpu_offload()
# remove following line if xFormers is not installed or you have PyTorch 2.0
or higher installed
pipeline.enable_xformers_memory_efficient_attention()

# load base and mask image
init_image = load_image("https://huggingface.co/datasets/huggingface/
documentation-images/resolve/main/diffusers/inpaint.png")
mask_image = load_image("https://huggingface.co/datasets/huggingface/
documentation-images/resolve/main/diffusers/inpaint_mask.png")

generator = torch.Generator("cuda").manual_seed(92)
prompt = "concept art digital painting of an elven castle, inspired by lord of
the rings, highly detailed, 8k"
image = pipeline(prompt=prompt, image=init_image, mask_image=mask_image,
generator=generator).images[0]
make_image_grid([init_image, mask_image, image], rows=1, cols=3)
```

2. Stable Diffusion XL Inpainting

关于 Stable Diffusion XL 的更多信息，请参见 3.4.1 节。使用 Stable Diffusion XL Inpainting 的示例代码如下。

```Python
import torch
from diffusers import AutoPipelineForInpainting
from diffusers.utils import load_image, make_image_grid

pipeline = AutoPipelineForInpainting.from_pretrained(
    "diffusers/stable-diffusion-xl-1.0-inpainting-0.1", torch_dtype=torch.float16,
variant="fp16"
)
pipeline.enable_model_cpu_offload()
# remove following line if xFormers is not installed or you have PyTorch 2.0
or higher installed
pipeline.enable_xformers_memory_efficient_attention()
```

```
# load base and mask image
init_image = load_image("https://huggingface.co/datasets/huggingface/
documentation-images/resolve/main/diffusers/inpaint.png")
mask_image = load_image("https://huggingface.co/datasets/huggingface/
documentation-images/resolve/main/diffusers/inpaint_mask.png")

generator = torch.Generator("cuda").manual_seed(92)
prompt = "concept art digital painting of an elven castle, inspired by lord of
the rings, highly detailed, 8k"
image = pipeline(prompt=prompt, image=init_image, mask_image=mask_image,
generator=generator).images[0]
make_image_grid([init_image, mask_image, image], rows=1, cols=3)
```

3. Kandinsky 2.2 Inpainting

关于 Kandinsky 2.2 的更多信息，请参见 3.4.1 节。使用 Kandinsky 2.2 Inpainting 的示例代码如下。

```
Python
import torch
from diffusers import AutoPipelineForInpainting
from diffusers.utils import load_image, make_image_grid

pipeline = AutoPipelineForInpainting.from_pretrained(
    "kandinsky-community/kandinsky-2-2-decoder-inpaint", torch_dtype=torch.
float16
)
pipeline.enable_model_cpu_offload()
# remove following line if xFormers is not installed or you have PyTorch 2.0
or higher installed
pipeline.enable_xformers_memory_efficient_attention()

# load base and mask image
init_image = load_image("https://huggingface.co/datasets/huggingface/
documentation-images/resolve/main/diffusers/inpaint.png")
mask_image = load_image("https://huggingface.co/datasets/huggingface/
documentation-images/resolve/main/diffusers/inpaint_mask.png")

generator = torch.Generator("cuda").manual_seed(92)
prompt = "concept art digital painting of an elven castle, inspired by lord of
the rings, highly detailed, 8k"
image = pipeline(prompt=prompt, image=init_image, mask_image=mask_image,
generator=generator).images[0]
make_image_grid([init_image, mask_image, image], rows=1, cols=3)
```

运行上述代码，生成的图像如图 3-53~ 图 3-56 所示。

图 3-53 初始图像

图 3-54 Stable Diffusion Inpainting 生成的图像

图 3-55 Stable Diffusion XL Inpainting 生成的图像

图 3-56 Kandinsky 2.2 Inpainting 生成的图像

3.6.3 非特定修复的 checkpoint

截至目前，本书使用了特定于修复的 checkpoint，如 runwayml/stable-diffusion-inpainting。你也可以使用常规 checkpoint，如 runwayml/stable-diffusion-v1-5。接下来比较一下这两个 checkpoint 的结果。

使用 runwayml/stable-diffusion-v1-5 模型时的示例代码如下。

```Python
import torch
from diffusers import AutoPipelineForInpainting
from diffusers.utils import load_image, make_image_grid

pipeline = AutoPipelineForInpainting.from_pretrained(
    "runwayml/stable-diffusion-v1-5", torch_dtype=torch.float16, variant="fp16"
).to("cuda")
pipeline.enable_model_cpu_offload()
```

```
    # remove following line if xFormers is not installed or you have PyTorch 2.0
or higher installed
    pipeline.enable_xformers_memory_efficient_attention()

    # load base and mask image
    init_image = load_image("https://huggingface.co/datasets/huggingface/
documentation-images/resolve/main/diffusers/inpaint.png")
    mask_image = load_image("https://huggingface.co/datasets/huggingface/
documentation-images/resolve/main/diffusers/inpaint_mask.png")

    generator = torch.Generator("cuda").manual_seed(92)
    prompt = "concept art digital painting of an elven castle, inspired by lord of
the rings, highly detailed, 8k"
    image = pipeline(prompt=prompt, image=init_image, mask_image=mask_image,
generator=generator).images[0]
    make_image_grid([init_image, image], rows=1, cols=2)
```

使用 runwayml/stable-diffusion-inpainting 模型时的示例代码如下。

```Python
import torch
from diffusers import AutoPipelineForInpainting
from diffusers.utils import load_image, make_image_grid

pipeline = AutoPipelineForInpainting.from_pretrained(
    "runwayml/stable-diffusion-inpainting", torch_dtype=torch.float16,
variant="fp16"
).to("cuda")
pipeline.enable_model_cpu_offload()
    # remove following line if xFormers is not installed or you have PyTorch 2.0
or higher installed
    pipeline.enable_xformers_memory_efficient_attention()

    # load base and mask image
    init_image = load_image("https://huggingface.co/datasets/huggingface/
documentation-images/resolve/main/diffusers/inpaint.png")
    mask_image = load_image("https://huggingface.co/datasets/huggingface/
documentation-images/resolve/main/diffusers/inpaint_mask.png")

    generator = torch.Generator("cuda").manual_seed(92)
    prompt = "concept art digital painting of an elven castle, inspired by lord of
the rings, highly detailed, 8k"
    image = pipeline(prompt=prompt, image=init_image, mask_image=mask_image,
generator=generator).images[0]
    make_image_grid([init_image, image], rows=1, cols=2)
```

运行上述代码，两个模型生成的图像如图 3-57 和图 3-58 所示。

图 3-57 runwayml/stable-diffusion-v1-5
模型生成的图像

图 3-58 runwayml/stable-diffusion-inpainting
模型生成的图像

然而,对于更基础的任务,如从图像中擦除一个对象(例如路上的石头),常规 checkpoint 的结果相当不错。常规 checkpoint 和修复 checkpoint 之间的区别不太明显。

使用 runwayml/stable-diffusion-v1-5 模型时的示例代码如下。

```Python
import torch
from diffusers import AutoPipelineForInpainting
from diffusers.utils import load_image, make_image_grid

pipeline = AutoPipelineForInpainting.from_pretrained(
    "runwayml/stable-diffusion-v1-5", torch_dtype=torch.float16, variant="fp16"
).to("cuda")
pipeline.enable_model_cpu_offload()
# remove following line if xFormers is not installed or you have PyTorch 2.0
or higher installed
pipeline.enable_xformers_memory_efficient_attention()

# load base and mask image
init_image = load_image("https://huggingface.co/datasets/huggingface/
documentation-images/resolve/main/diffusers/inpaint.png")
mask_image = load_image("https://huggingface.co/datasets/huggingface/
documentation-images/resolve/main/diffusers/road-mask.png")

image = pipeline(prompt="road", image=init_image, mask_image=mask_image).
images[0]
make_image_grid([init_image, image], rows=1, cols=2)
```

使用 runwayml/stable-diffusion-inpainting 模型时的示例代码如下。

```Python
import torch
from diffusers import AutoPipelineForInpainting
from diffusers.utils import load_image, make_image_gri
```

```
pipeline = AutoPipelineForInpainting.from_pretrained(
    "runwayml/stable-diffusion-inpainting", torch_dtype=torch.float16,
variant="fp16"
).to("cuda")
pipeline.enable_model_cpu_offload()
# remove following line if xFormers is not installed or you have PyTorch 2.0
or higher installed
pipeline.enable_xformers_memory_efficient_attention()

# load base and mask image
init_image = load_image("https://huggingface.co/datasets/huggingface/
documentation-images/resolve/main/diffusers/inpaint.png")

mask_image = load_image("https://huggingface.co/datasets/huggingface/
documentation-images/resolve/main/diffusers/road-mask.png")

image = pipeline(prompt="road", image=init_image, mask_image=mask_image).
images[0]
make_image_grid([init_image, image], rows=1, cols=2)
```

运行上述代码，两个模型生成的图像如图3-59和图3-60所示。

图 3-59　runwayml/stable-diffusion-v1-5
模型生成的图像

图 3-60　runwayml/stable-diffusion-inpainting
模型生成的图像

　　使用非特定于修复的 checkpoint 的权衡因素是整体图像质量可能较低，但非特定于修复的 checkpoint 通常倾向于保留遮罩区域（这就是为什么你可以看到遮罩轮廓）。特定于修复的 checkpoint 经过有意训练，以生成更高质量的修复图像，这包括在遮罩和未遮罩区域之间创建更自然的过渡。因此，这些 checkpoint 更有可能改变你的未遮罩区域。

　　如果保留未遮罩区域对你的任务很重要，可以使用下面的代码，以牺牲遮罩和未遮罩区域之间一些不自然的过渡，强制保持图像未遮罩区域不变。

```Python
import PIL
import numpy as np
import torch

from diffusers import AutoPipelineForInpainting
from diffusers.utils import load_image, make_image_grid

device = "cuda"
pipeline = AutoPipelineForInpainting.from_pretrained(
    "runwayml/stable-diffusion-inpainting",
    torch_dtype=torch.float16,
)
pipeline = pipeline.to(device)

img_url = "https://raw.githubusercontent.com/CompVis/latent-diffusion/main/
data/inpainting_examples/overture-creations-5sI6fQgYIuo.png"
mask_url = "https://raw.githubusercontent.com/CompVis/latent-diffusion/main/
data/inpainting_examples/overture-creations-5sI6fQgYIuo_mask.png"

init_image = load_image(img_url).resize((512, 512))
mask_image = load_image(mask_url).resize((512, 512))

prompt = "Face of a yellow cat, high resolution, sitting on a park bench"
repainted_image = pipeline(prompt=prompt, image=init_image, mask_image=mask_
image).images[0]
repainted_image.save("repainted_image.png")

# Convert mask to grayscale NumPy array
mask_image_arr = np.array(mask_image.convert("L"))
# Add a channel dimension to the end of the grayscale mask
mask_image_arr = mask_image_arr[:, :, None]
# Binarize the mask: 1s correspond to the pixels which are repainted
mask_image_arr = mask_image_arr.astype(np.float32) / 255.0
mask_image_arr[mask_image_arr < 0.5] = 0
mask_image_arr[mask_image_arr >= 0.5] = 1

# Take the masked pixels from the repainted image and the unmasked pixels from
the initial image
unmasked_unchanged_image_arr = (1 - mask_image_arr) * init_image + mask_image_
arr * repainted_image
unmasked_unchanged_image = PIL.Image.fromarray(unmasked_unchanged_image_arr.
round().astype("uint8"))
unmasked_unchanged_image.save("force_unmasked_unchanged.png")
make_image_grid([init_image, mask_image, repainted_image, unmasked_unchanged_
image], rows=2, cols=2)
```

3.6.4 配置 pipeline 参数

图像特征，如质量和"创造性"，取决于 pipeline 参数。关于 pipeline 参数的更多细节，请参见 3.5.3 节。本节仅给出相关示例代码。

1. strength 参数

关于 strength 参数的更多信息，请参见 3.5.3 节。示例代码如下。

```Python
import torch
from diffusers import AutoPipelineForInpainting
from diffusers.utils import load_image, make_image_grid


pipeline = AutoPipelineForInpainting.from_pretrained(
    "runwayml/stable-diffusion-inpainting", torch_dtype=torch.float16,
variant="fp16"
)
pipeline.enable_model_cpu_offload()
# remove following line if xFormers is not installed or you have PyTorch 2.0
or higher installed
pipeline.enable_xformers_memory_efficient_attention()

# load base and mask image
init_image = load_image("https://huggingface.co/datasets/huggingface/
documentation-images/resolve/main/diffusers/inpaint.png")
mask_image = load_image("https://huggingface.co/datasets/huggingface/
documentation-images/resolve/main/diffusers/inpaint_mask.png")

prompt = "concept art digital painting of an elven castle, inspired by lord of
the rings, highly detailed, 8k"
image = pipeline(prompt=prompt, image=init_image, mask_image=mask_image,
strength=0.6).images[0]
make_image_grid([init_image, mask_image, image], rows=1, cols=3)
```

运行上述代码，生成的图像如图 3-61~图 3-63 所示。

图 3-61　strength 为 0.6 时模型　　图 3-62　strength 为 0.8 时模型　　图 3-63　strength 为 1.0 时模型
　　　　　生成的图像　　　　　　　　　　　　生成的图像　　　　　　　　　　　　生成的图像

2. guidance_scale 参数

更多关于 guidance_scale 参数的信息，请参见 3.4.2 节和 3.5.3 节。示例代码如下。

```Python
import torch
from diffusers import AutoPipelineForInpainting
from diffusers.utils import load_image, make_image_grid

pipeline = AutoPipelineForInpainting.from_pretrained(
    "runwayml/stable-diffusion-inpainting", torch_dtype=torch.float16,
variant="fp16"
)
pipeline.enable_model_cpu_offload()
# remove following line if xFormers is not installed or you have PyTorch 2.0
or higher installed
pipeline.enable_xformers_memory_efficient_attention()

# load base and mask image
init_image = load_image("https://huggingface.co/datasets/huggingface/
documentation-images/resolve/main/diffusers/inpaint.png")
mask_image = load_image("https://huggingface.co/datasets/huggingface/
documentation-images/resolve/main/diffusers/inpaint_mask.png")

prompt = "concept art digital painting of an elven castle, inspired by lord of
the rings, highly detailed, 8k"
image = pipeline(prompt=prompt, image=init_image, mask_image=mask_image,
guidance_scale=2.5).images[0]
make_image_grid([init_image, mask_image, image], rows=1, cols=3)
```

运行上述代码，生成的图像如图 3-64~图 3-66 所示。

图 3-64　guidance_scale = 2.5 时
模型生成的图像　　　图 3-65　guidance_scale = 7.5 时
模型生成的图像　　　图 3-66　guidance_scale = 12.5 时
模型生成的图像

3. negative prompt 参数

更多关于 negative_prompt 参数的信息，请参见 3.4.2 节和 3.5.3 节。示例代码如下。

```Python
import torch
from diffusers import AutoPipelineForInpainting
from diffusers.utils import load_image, make_image_grid

pipeline = AutoPipelineForInpainting.from_pretrained(
    "runwayml/stable-diffusion-inpainting", torch_dtype=torch.float16,
variant="fp16"
)
pipeline.enable_model_cpu_offload()
# remove following line if xFormers is not installed or you have PyTorch 2.0
or higher installed
pipeline.enable_xformers_memory_efficient_attention()

# load base and mask image
init_image = load_image("https://huggingface.co/datasets/huggingface/
documentation-images/resolve/main/diffusers/inpaint.png")
mask_image = load_image("https://huggingface.co/datasets/huggingface/
documentation-images/resolve/main/diffusers/inpaint_mask.png")

prompt = "concept art digital painting of an elven castle, inspired by lord of
the rings, highly detailed, 8k"
negative_prompt = "bad architecture, unstable, poor details, blurry"
image = pipeline(prompt=prompt, negative_prompt=negative_prompt, image=init_
image, mask_image=mask_image).images[0]
make_image_grid([init_image, mask_image, image], rows=1, cols=3)
```

运行上述代码，生成的图像如图 3-67 所示。

图 3-67　negative_prompt = "bad architecture, unstable, poor details, blurry" 时模型生成的图像

3.6.5 串联修复 pipeline

AutoPipelineForInpainting 可以与其他 Diffusers pipeline 连锁，以编辑它们的输出。这通常有助于提高其他 Diffusers pipeline 的输出质量，如果你正在使用多个 pipeline，将它们连锁在一起以保持输出在潜在空间，并重用相同的 pipeline 组件，可以更节省内存。

将文本到图像和修复 pipeline 连锁，可以对生成的图像进行修复，而无须提供基础图像。这让用户方便编辑自己喜爱的文本到图像输出，无须生成全新的图像。示例代码如下。

```Python
import torch
from diffusers import AutoPipelineForText2Image, AutoPipelineForInpainting
from diffusers.utils import load_image, make_image_grid

pipeline = AutoPipelineForText2Image.from_pretrained(
    "runwayml/stable-diffusion-v1-5", torch_dtype=torch.float16, variant="fp16",
use_safetensors=True
)
pipeline.enable_model_cpu_offload()
# remove following line if xFormers is not installed or you have PyTorch 2.0
or higher installed
pipeline.enable_xformers_memory_efficient_attention()

text2image = pipeline("concept art digital painting of an elven castle,
inspired by lord of the rings, highly detailed, 8k").images[0]
```

从之前的步骤加载遮罩图像的输出可以使用如下代码。

```Python
mask_image = load_image("https://huggingface.co/datasets/huggingface/
documentation-images/resolve/main/diffusers/inpaint_text-chain-mask.png")
```

为了在图像中的遮罩区域修复一座瀑布，可以使用如下代码。

```Python
pipeline = AutoPipelineForInpainting.from_pretrained(
    "kandinsky-community/kandinsky-2-2-decoder-inpaint", torch_dtype=torch.
float16
)
pipeline.enable_model_cpu_offload()
# remove following line if xFormers is not installed or you have PyTorch 2.0
or higher installed
pipeline.enable_xformers_memory_efficient_attention()

prompt = "digital painting of a fantasy waterfall, cloudy"
image = pipeline(prompt=prompt, image=text2image, mask_image=mask_image).
images[0]
make_image_grid([text2image, mask_image, image], rows=1, cols=3)
```

运行上述代码，生成的图像如图 3-68 和图 3-69 所示。

图 3-68　文本到图像生成的图像

图 3-69　inpaint 生成的图像

　　你还可以在其他 pipeline（如图像到图像或增强器）之前连锁一个修复 pipeline，以提高质量。示例代码如下。

```Python
import torch
from diffusers import AutoPipelineForInpainting, AutoPipelineForImage2Image
from diffusers.utils import load_image, make_image_grid

pipeline = AutoPipelineForInpainting.from_pretrained(
    "runwayml/stable-diffusion-inpainting", torch_dtype=torch.float16,
variant="fp16"
)
pipeline.enable_model_cpu_offload()
# remove following line if xFormers is not installed or you have PyTorch 2.0
or higher installed
pipeline.enable_xformers_memory_efficient_attention()

# load base and mask image
init_image = load_image("https://huggingface.co/datasets/huggingface/
documentation-images/resolve/main/diffusers/inpaint.png")
mask_image = load_image("https://huggingface.co/datasets/huggingface/
documentation-images/resolve/main/diffusers/inpaint_mask.png")

prompt = "concept art digital painting of an elven castle, inspired by lord of
the rings, highly detailed, 8k"
image_inpainting = pipeline(prompt=prompt, image=init_image, mask_image=mask_
image).images[0]

# resize image to 1024x1024 for SDXL
image_inpainting = image_inpainting.resize((1024, 1024))
```

　　现在，将图像传递给另一个带有 Stable Diffusion XL 细化模型的修复 pipeline 以提高图像细节和质量。示例代码如下。

```Python
pipeline = AutoPipelineForInpainting.from_pretrained(
    "stabilityai/stable-diffusion-xl-refiner-1.0", torch_dtype=torch.float16,
variant="fp16"
)
pipeline.enable_model_cpu_offload()
# remove following line if xFormers is not installed or you have PyTorch 2.0
or higher installed
pipeline.enable_xformers_memory_efficient_attention()

image = pipeline(prompt=prompt, image=image_inpainting, mask_image=mask_image,
output_type="latent").images[0]
```

最后，你可以将这幅图像传递给图像到图像 pipeline，以完成润色工作。使用 from_pipe 方法重用现有的 pipeline 组件更有效，可以避免再次将所有 pipeline 组件加载到内存中。示例代码如下。

```Python
pipeline = AutoPipelineForImage2Image.from_pipe(pipeline)
# remove following line if xFormers is not installed or you have PyTorch 2.0
or higher installed
pipeline.enable_xformers_memory_efficient_attention()

image = pipeline(prompt=prompt, image=image).images[0]
make_image_grid([init_image, mask_image, image_inpainting, image], rows=2,
cols=2)
```

相关的图像如图 3-70~图 3-72 所示。

图 3-70　初始图像　　　　图 3-71　修复图像　　　图 3-72　图像到图像生成的图像

图像到图像和图像修复实际上是非常相似的任务。图像到图像生成一个类似于现有提供图像的新图像。图像修复可以完成同样的事情，但它只转换由遮罩定义的图像区域，其余图像保持不变。你可以将图像修复视为进行特定更改的更精确工具，不过图像到图像转换具有更广泛的应用范围，用于进行更全面的变更。

3.6.6 控制图像生成

获取一个完全符合你期望的图像很具挑战性，因为去噪过程是随机的。虽然你可以通过配置参数（如 negative_prompt）来控制生成的某些方面，但还有更好、更有效的方法来控制图像生成。

1. 提示加权

关于提示加权的更多信息，请参见 3.4.3 节。Compel 库提供了一个直观的语法来缩放提示加权并生成嵌入。在提示加权指南中可了解如何创建嵌入。

可以将嵌入传递给 AutoPipelineForInpainting 中的 prompt_embeds（如果使用 negative_prompt，则为 negative_prompt_embeds）参数，它能替代 prompt 参数。示例代码如下。

```Python
import torch
from diffusers import AutoPipelineForInpainting
from diffusers.utils import make_image_grid

pipeline = AutoPipelineForInpainting.from_pretrained(
    "runwayml/stable-diffusion-inpainting", torch_dtype=torch.float16,
)
pipeline.enable_model_cpu_offload()
# remove following line if xFormers is not installed or you have PyTorch 2.0
or higher installed
pipeline.enable_xformers_memory_efficient_attention()

image = pipeline(prompt_embeds=prompt_embeds, # generated from Compel
    negative_prompt_embeds=negative_prompt_embeds, # generated from Compel
    image=init_image,
    mask_image=mask_image
).images[0]
make_image_grid([init_image, mask_image, image], rows=1, cols=3)
```

2. ControlNet

关于 ControlNet 的更多信息，请参见 3.4.3 节。这里通过一个示例来介绍。

首先，用一个在修复图像上预训练的 ControlNet 来条件化一幅图像。示例代码如下。

```Python
import torch
import numpy as np
from diffusers import ControlNetModel, StableDiffusionControlNetInpaintPipeline
from diffusers.utils import load_image, make_image_grid

# load ControlNet
controlnet = ControlNetModel.from_pretrained("lllyasviel/control_v11p_sd15_
inpaint", torch_dtype=torch.float16, variant="fp16")
```

```
# pass ControlNet to the pipeline
pipeline = StableDiffusionControlNetInpaintPipeline.from_pretrained(
    "runwayml/stable-diffusion-inpainting", controlnet=controlnet, torch_
dtype=torch.float16, variant="fp16"
)
pipeline.enable_model_cpu_offload()
# remove following line if xFormers is not installed or you have PyTorch 2.0
or higher installed
pipeline.enable_xformers_memory_efficient_attention()

# load base and mask image
init_image = load_image("https://huggingface.co/datasets/huggingface/
documentation-images/resolve/main/diffusers/inpaint.png")
mask_image = load_image("https://huggingface.co/datasets/huggingface/
documentation-images/resolve/main/diffusers/inpaint_mask.png")

# prepare control image
def make_inpaint_condition(init_image, mask_image):
    init_image = np.array(init_image.convert("RGB")).astype(np.float32) / 255.0
    mask_image = np.array(mask_image.convert("L")).astype(np.float32) / 255.0

    assert init_image.shape[0:1] == mask_image.shape[0:1], "image and image_mask
must have the same image size"
    init_image[mask_image > 0.5] = -1.0  # set as masked pixel
    init_image = np.expand_dims(init_image, 0).transpose(0, 3, 1, 2)
    init_image = torch.from_numpy(init_image)
    return init_image

control_image = make_inpaint_condition(init_image, mask_image)
```

然后，基于初始图像、遮罩图像和控制图像生成一幅图像。示例代码如下。

```Python
prompt = "concept art digital painting of an elven castle, inspired by lord of
the rings, highly detailed, 8k"
image = pipeline(prompt=prompt, image=init_image, mask_image=mask_image,
control_image=control_image).images[0]
make_image_grid([init_image, mask_image, PIL.Image.fromarray(np.uint8(control_
image[0][0])).convert('RGB'), image], rows=2, cols=2)
```

还可以进一步将其与图像到图像的 pipeline 连锁，以应用新风格。示例代码如下。

```Python
from diffusers import AutoPipelineForImage2Image

pipeline = AutoPipelineForImage2Image.from_pretrained(
```

```
    "nitrosocke/elden-ring-diffusion", torch_dtype=torch.float16,
)
pipeline.enable_model_cpu_offload()
# remove following line if xFormers is not installed or you have PyTorch 2.0
or higher installed
pipeline.enable_xformers_memory_efficient_attention()

prompt = "elden ring style castle" # include the token "elden ring style" in
the prompt
negative_prompt = "bad architecture, deformed, disfigured, poor details"

image_elden_ring = pipeline(prompt, negative_prompt=negative_prompt,
image=image).images[0]
make_image_grid([init_image, mask_image, image, image_elden_ring], rows=2,
cols=2)
```

运行上述代码，相关的图像如图 3-73~图 3-75 所示。

图 3-73　初始图像　　　　图 3-74　ControlNet 修复的图像　　　　图 3-75　图生图

3.7　小结

　　本章对 Stable Diffusion 进行了全面的探讨，这是一款利用先进人工智能技术，为数字艺术创作带来革命性变化的工具。通过深入探索其概念基础、实际应用，以及如文本到图像转换和图像修补等创新功能，让读者对 Stable Diffusion 的能力及其在各行业中的应用有了全面了解，另外还展示了 Stable Diffusion 在艺术和技术融合方面的潜力。

　　Stable Diffusion 作为人工智能在创意艺术领域的杰出代表，不仅提升了当前的数字艺术实践，也为未来的创新开辟了新途径。未来的研究可以进一步探索其与其他技术的融合、对艺术创造力的影响，以及 AI 生成艺术的伦理问题。随着人工智能领域的持续发展，Stable Diffusion 等工具将在塑造未来数字内容创作和艺术表达的过程中发挥至关重要的作用。通过不断对其进行研究和应用，我们将能更好地理解和利用这些强大的 AI 工具，为创意产业带来更广阔的可能性。

第 4 章

LangChain 与 AI Agent

本章将介绍 LangChain 与 AI Agent。LangChain 是目前非常流行的搭建 AI Agent 的底层框架。AI Agent 能通过大语言模型（Large Language Model，LLM）帮助人们完成各类复杂任务。

4.1 LangChain 与 AI Agent 简介

1. LangChain 简介

LangChain 是一个基于语言模型的用来开发应用程序的开源框架。它能让从事人工智能和机器学习的工作者把大语言模型和其他外部组件结合起来，开发出基于大语言模型的应用程序。LangChain 的目标是让强大的大语言模型（如 OpenAI 的 GPT-3.5 和 GPT-4）和各种外部数据源连接起来，从而创建并享受 NLP 应用程序带来的好处。如果用户熟悉 Python、JavaScript 或 TypeScript 编程语言，就可以使用 LangChain 为这些编程语言提供的包。

为什么 LangChain 重要呢？主要原因有如下两点。

- 流程优化。LangChain 是一个简化生成式 AI 应用接口创建过程的框架。从事此类接口开发的开发者可以使用各种工具来创建优秀的 NLP 应用程序，而 LangChain 能够优化这一流程。例如，大语言模型需要访问大量的数据，而 LangChain 能对这些数据进行组织，使其易于访问。
- 数据更新。通常 GPT 模型在发布之前都是基于公开数据进行训练的。例如，ChatGPT 是在 2022 年年底发布的，但其知识库仅限于 2021 年及之前的数据。LangChain 可以将 AI 模型连接到数据源，使它们能够无限制地获取最新的数据知识。

LangChain 通常通过与大语言模型提供商和外部数据源进行集成来构建 AI 应用程序。AI 应用程序通过这些数据源可以方便查找和存储数据。例如，LangChain 可以通过将大语言模型（如 Hugging Face、Cohere 和 OpenAI 提供的大语言模型）与数据源或存储系统（如 Apify Actors、Google Search 和 Wikipedia）集成来构建聊天机器人或问答系统。这使得 AI 应用程序能够接收用户输入的文本，对其进行处理，并从这些源中检索最佳答案。在这个意义上，LangChain 通过集成利用了最新的 NLP 技术以构建有效的 AI 应用程序。图 4-1 展示了 LangChain 的集成形式。

其他潜在的集成还包括云存储平台，如 AWS、Google Cloud 和微软 Azure，以及向量数据库等。向量数据库可以存储大量高维数据（如视频、图像和长文本等），并将其作为数据表示形式进行存储，从而使 AI 应用程序更容易查询和检索数据元素。

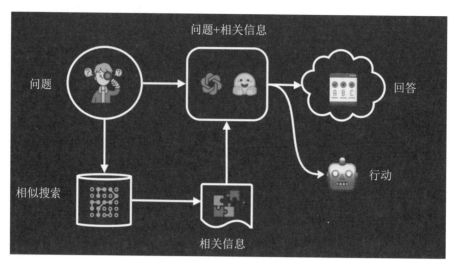

图 4-1　LangChain 的集成形式

2. AI Agent 简介

AI Agent 是指一个能够代表用户或其他实体在特定环境中进行交互和决策的软件系统（见图 4-2）。它具备感知、决策和行动的能力，能够根据环境和目标制定策略并执行任务。而 LangChain 则是一个框架，用于简化生成式 AI 应用接口的创建过程，它整合了大语言模型和其他组件，使开发者能够更方便地构建 NLP 应用程序。

图 4-2　AI Agent 示例

> ⚙ **小提示**
>
> 　　想象一下，AI Agent 就像一个智能助手，它能帮助我们完成各种任务，比如预订机票、安排日程或者回答问题。而 LangChain 就像这个助手的"大脑"，它提供了强大的 NLP 能力，让 AI Agent 可以理解我们的需求，并以自然语言的形式给出回应。

虽然 LangChain 本身不直接扮演 AI Agent 的角色,但它为构建具备智能决策和交互能力的 AI Agent 提供了重要的工具和组件。通过整合 LangChain,AI Agent 能够利用大语言模型的能力,实现更高级别的自然语言理解和生成,从而提升与用户或其他实体的交互体验。同时,LangChain 的模块化设计也使得 AI Agent 的开发过程更加灵活和高效。

4.1.1 LangChain 架构

LangChain 是一个用于开发由语言模型驱动的应用程序的框架,旨在帮助开发人员使用语言模型构建端到端的应用程序。它提供了一套工具、组件和接口,可简化创建由大语言模型和聊天模型提供支持的应用程序的过程。LangChain 让应用程序能够具备以下特点。

- 具有上下文意识,能够将语言模型连接到各种上下文源(如提示指令、范例、内容等)。
- 依靠语言模型进行推理,比如基于提供的上下文决定如何回答问题或采取何种行动。

LangChain 架构中的关键部分如下。

- Prompts(提示)。提示在大语言模型中是非常重要的,它确保数据以适合大语言模型处理的方式输入,这包括 Prompts 管理、Prompts 优化和 Prompts 序列化。无论是聊天机器人还是 AI 绘画,提示都是不可或缺的。
- Language Models(语言模型)。这是框架的核心部分,通过通用接口调用大语言模型(例如,GPT-4 等大语言模型)。这使得开发者能够利用大语言模型的能力进行自然语言理解和生成。LangChain 对各家公司的大语言模型进行了抽象和封装,提供了通用的 API,使开发人员可以方便地使用这些模型。
- Output Parsers(模型输出解析)。这部分从大语言模型的输出中提取信息,将其转换为开发者可以理解和使用的格式。
- Data Connections 和 Retrieval(数据连接和检索)。LangChain 不仅限于处理文本数据,还能够连接其他数据源,如数据库或 API,以检索和整合额外的信息。
- Chains(链)和 Agents(代理或智能体)。链是一系列对各种组件的调用,它帮助实现复杂的交互和任务执行流程。即 Chains 模块负责管理大语言模型与其他组件的交互,而 Agents 模块则定义了如何与大语言模型进行交互,包括如何发送指令和接收响应。

为了帮助理解,你可以想象如下一个简单的链路。

① 用户输入(如问题或请求)首先通过 Prompts 模块进行处理,转换为适合大语言模型的输入格式。

② 这个输入被发送到 Language Models 模块,由大语言模型进行处理。

③ 大语言模型生成输出,这个输出被 Output Parsers 模块解析,以提取有用的信息。同时,如果大语言模型需要额外的数据来回答问题或执行任务,数据连接和检索模块会连接到其他数据源,获取必要的信息。

④ 所有这些信息通过 Chains 模块被整合在一起,然后由 Agents 模块以自然语言的形式返回给用户。

图 4-3 展示了 LangChain 如何从用户输入开始,通过大语言模型和其他组件的处理,最终生成用户可以理解的输出。在这个过程中,LangChain 确保了数据的顺畅流动和高效处理,从而实现强大的 NLP 功能。

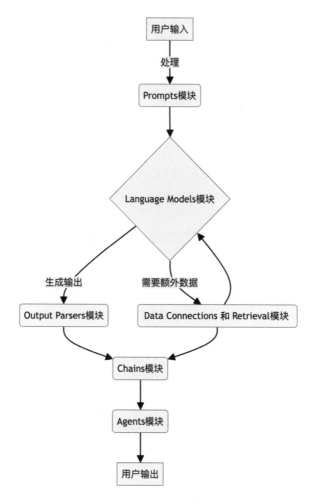

图 4-3　LangChain 的数据流程

综上所述，LangChain 是一个功能丰富的框架，它提供了库、模板、服务和平台，旨在简化 NLP 应用程序的开发和部署过程。通过 LangChain，开发者可以更加高效地利用大语言模型和其他 NLP 技术，构建出功能强大的应用程序。

4.1.2　使用 LangChain 构建 AI Agent 示例

本节将从一个简单的大语言模型链开始，它仅依赖提示模板中的信息来响应。首先，构建一个检索链，该链从单独的数据库中获取数据并将其传递到提示模板中。然后，添加聊天记录，以创建对话检索链。这允许你以聊天方式与此大语言模型进行交互，因为它会记住之前的问题。最后，构建一个 AI Agent——它利用大语言模型来确定其是否需要获取数据来回答问题。

首先，导入 LangChain 和 OpenAI 的集成包，并获取 API 密钥。示例代码如下。

```Shell
pip install langchain-openai
export OPENAI_API_KEY="..."
```

通过设置环境变量或直接传递密钥来初始化模型。示例代码如下。

```Python
from langchain_openai import ChatOpenAI
llm = ChatOpenAI()
# 或采取以下方法导入模型，同时输入密钥
# llm = ChatOpenAI(OPENAI_API_KEY="...")
```

接下来，我们可以问一下它什么是LangSmith——由于这是训练数据中不存在的内容，因此AI Agent的响应可能不会很好。示例代码如下。

```Python
llm.invoke("how can langsmith help with testing?")
```

之后，我们可以使用提示模板来引导AI Agent的响应。提示模板用于将初始用户输入转换为更适合大语言模型的输入。示例代码如下。

```Python
from langchain_core.prompts import ChatPromptTemplate
prompt = ChatPromptTemplate.from_messages([
    ("system", "You are world class technical documentation writer."),
    ("user", "{input}")
])
```

现在，我们可以将这些组合成一个简单的大语言模型链。示例代码如下。

```Python
chain = prompt | llm
```

然后，我们可以调用它并问相同的问题。它仍然可能不知道答案，但应该会以更适合技术写作的方式回应。示例代码如下。

```Python
chain.invoke({"input": "how can langsmith help with testing?"})
```

ChatModel的输出（链的输出）是一条消息。然而，使用字符串更加方便。因此，我们可以添加一个简单的输出解析器，将聊天消息转换为字符串。示例代码如下。

```Python
from langchain_core.output_parsers import StrOutputParser
output_parser = StrOutputParser()
```

现在，我们可以将其添加到之前的链中。示例代码如下。

```Python
chain = prompt | llm | output_parser
```

接下来，我们可以调用它并问相同的问题。现在，答案将是一个字符串（而不是ChatMessage）。示例代码如下。

```Python
chain.invoke({"input": "how can langsmith help with testing?"})
```

4.2 LangChain 关键组件

4.1 节简单介绍了 LangChain 的概念和作用，本节将带领读者初步认识 LangChain 各种关键组件的使用方法。我们将在介绍的过程中给出示例代码，让读者更好地认识 LangChain，为后续的应用程序开发打下基础。

1. 三大关键组件与各模块的关联

在 LangChain 的生态系统中，Module I/O、Retrieval 和 Agent 这 3 个关键组件与 LangChain Libraries、LangChain Templates、LangServe 和 LangSmith 模块有着密切的关系。接下来我们将了解它们之间的关系。

1）LangChain Libraries

LangChain Libraries 提供了构建 NLP 应用程序所需的各种工具和组件，其中就包括 Module I/O、Retrieval 和 Agent。这些库为开发者提供了易于使用和集成的接口，使他们能够轻松地组合这些组件来创建自定义的 NLP 应用程序。

- Module I/O。作为 LangChain Libraries 的一部分，它提供了标准化的输入和输出处理机制，使开发者可以轻松地与模型进行交互，并将模型的输出转换为实际应用中所需的格式。
- Retrieval。同样作为库的一部分，Retrieval 组件提供了从外部数据源检索信息的功能，增强了模型处理复杂任务的能力。
- Agent。Agent 作为整合其他组件的关键部分，也包含在 LangChain Libraries 中。它提供了与模型、Retrieval 和其他组件交互的框架，使开发者可以构建出功能强大的 NLP 应用程序。

2）LangChain Templates

LangChain Templates 提供了一系列易于部署的参考架构，这些架构已经预先集成了 Module I/O、Retrieval 和 Agent 等组件。通过使用这些模板，开发者可以快速启动和部署自己的 NLP 应用程序，而无须从头开始构建整个系统。这些模板利用 LangChain Libraries 中的组件，为开发者提供了即插即用的解决方案。

3）LangServe

LangServe 是一个用于将 LangChain 应用程序部署为 REST API 的库。当开发者使用 LangChain Libraries 构建了自己的 NLP 应用程序后，他们可以利用 LangServe 将应用程序部署为服务，从而使其能够通过标准的 HTTP 请求进行访问。在这个过程中，Module I/O、Retrieval 和 Agent 等组件将继续在后台发挥作用，处理来自 API 请求的数据和生成响应。

4）LangSmith

LangSmith 是一个开发者平台，提供了调试、测试、评估和监控 LangChain 应用程序的功能。在这个平台上，开发者可以对使用 Module I/O、Retrieval 和 Agent 等组件构建的 NLP 应用程序进行性能优化和调试。LangSmith 与 LangChain Libraries 紧密集成，使开发者可以在统一的环境中管理和监控他们的 NLP 应用程序。

总之，Module I/O、Retrieval 和 Agent 这 3 个关键组件是 LangChain 生态系统中不可或缺的部分。它们与 LangChain Libraries、LangChain Templates、LangServe 和 LangSmith 等其他组件和工具协同工作，共同支持开发者构建和部署功能强大的 NLP 应用程序。

2. 三大关键组件如何协同工作

在构建基于大语言模型的 NLP 应用程序中，Module I/O、Retrieval 和 Agent 这 3 个关键组件通过协同工作，实现了信息的有效传递、处理与整合，从而为用户提供了高质量的交互体验。我们举一个简单的例子来帮助读者理解 LangChain 中的 Module I/O、Retrieval 和 Agent 这 3 个关键组件是如何协同工作的。

假设你正在开发一个基于大语言模型的聊天机器人。这个聊天机器人需要能够回答用户的问题，并且有时候需要从互联网上检索信息来提供更准确的回答。

- Module I/O。在这个例子中，Module I/O 负责接收用户的输入，并将其传递给大语言模型。例如，用户可能输入了一个问题："明天的天气怎么样？"Module I/O 会将这个问题格式化为大语言模型可以理解的格式，并发送给大语言模型。同样，当大语言模型生成回答时，Module I/O 会负责接收这个回答，并将其转换为人类可读的格式，比如将文本转换为语音，以便通过聊天机器人的语音输出功能播放给用户。
- Retrieval。在这个例子中，Retrieval 组件会在大语言模型需要额外信息来回答问题时发挥作用。例如，如果大语言模型不知道明天的具体天气情况，Retrieval 组件可能会被触发，从互联网上检索相关的天气信息。这些信息可能来自天气 API 或其他在线数据源。Retrieval 组件会将这些信息检索回来，并传递给大语言模型，以便大语言模型能够基于这些信息生成更准确的答案。
- Agent。在这个例子中，Agent 扮演着整合者的角色，负责接收用户的输入，调用Module I/O 将输入传递给大语言模型，并在需要时触发 Retrieval 组件来检索额外信息。Agent 还负责接收大语言模型的输出和 Retrieval 组件检索到的信息，并将这些信息整合在一起，生成最终的回答返回给用户。例如，Agent 可能会将大语言模型生成的文本回答和从互联网上检索到的天气信息结合起来，生成一个完整的、包含天气信息的回答返回给用户。

通过这个例子，可以看到 Module I/O、Retrieval 和 Agent 这 3 个组件是如何协同工作的，以及它们在构建基于大语言模型的 NLP 应用程序中的重要性。这些组件共同支持了聊天机器人的功能，使其能够接收用户输入、处理信息、检索额外数据，并最终生成回答返回给用户。

4.2.1　Module I/O

Module I/O 负责模型的输入和输出。在 LangChain 中，模型并不直接与初始数据交互，而是通过 Module I/O 进行数据的输入和输出。这使得开发者可以将模型与其他组件（如数据连接器、检索器等）的耦合度降低，以便更加独立地进行开发、测试和维护，从而更容易地扩展和修改应用程序。

- 输入。Module I/O 负责接收用户输入，并将其转换为模型可以理解的格式。这可能涉及对输入进行预处理、格式化或模板化。
- 输出。当模型生成输出时，Module I/O 负责接收这些输出，并将其转换为开发者或用户可以理解的形式。这可能涉及对输出进行后处理、解析或将输出转换为特定的格式。

本节将介绍两种不同类型的模型——大语言模型和 ChatModel。我们主要将介绍如何使用提示（prompts）和模板（templates）来格式化这些模型的输入，以及如何使用输出分析器来处理输出。

1. 模型

首先，导入 LangChain 和 OpenAI 的集成包，并获取 API 密钥。示例代码如下。

```Shell
pip install langchain-openai
export OPENAI_API_KEY="..."
```

然后，可以通过设置环境变量或直接传递密钥来初始化模型。示例代码如下。

```Python
from langchain_openai import ChatOpenAI
from langchain_openai import OpenAI

llm = OpenAI()
chat_model = ChatOpenAI()
# 或采取以下方法导入模型，同时输入密钥
# llm = ChatOpenAI(OPENAI_API_KEY="...")
```

当调用大语言模型和 ChatModel 时，可以看到它们之间的区别。示例代码如下。

```Python
from langchain.schema import HumanMessage

text = "What would be a good company name for a company that makes colorful socks?"
messages = [HumanMessage(content=text)]

llm.invoke(text)
# >> Feetful of Fun

chat_model.invoke(messages)
# >> AIMessage(content="Socks O'Color")
```

可见，大语言模型会返回一个字符串，而 ChatModel 会返回一条消息。

2. 提示模板

大多数大语言模型应用程序不会直接将用户输入传递给大语言模型。通常，它们会将用户输入添加到一个较大的文本片段中，称为提示模板，以提供有关正在进行的具体任务的附加上下文。

在前面的示例中，我们传递给模型的文本包含生成公司名称的指令。对于我们的应用程序，如果用户只须提供公司/产品的描述，无须为模型提供指令，那么这样的模型将会有很高的适用度。

提示模板就是将从用户输入到完全格式化提示的所有逻辑捆绑在一起。我们从非常简单的示例开始。例如，生成上述字符串的提示可能如下。

```Python
from langchain.prompts import PromptTemplate

prompt = PromptTemplate.from_template("What is a good name for a company that makes {product}?")
prompt.format(product="colorful socks")
```

```Python
What is a good name for a company that makes colorful socks?
```

PromptTemplates 还可以用于生成消息列表。在这种情况下，提示不仅包含有关内容的信息，还包含每条消息的信息（其角色、在列表中的位置等）。在这里，最常见的情况是一系列 Chat Message Templates。每个都包含有关如何格式化该消息的指令——它的角色及其内容。示例代码如下。

```Python
from langchain.prompts.chat import ChatPromptTemplate

template = "You are a helpful assistant that translates {input_language} to {output_language}."
human_template = "{text}"

chat_prompt = ChatPromptTemplate.from_messages([
    ("system", template),
    ("human", human_template),
])

chat_prompt.format_messages(input_language="English", output_language="French", text="I love programming.")
```

```Python
[
    SystemMessage(content="You are a helpful assistant that translates English to French.", additional_kwargs={}),
    HumanMessage(content="I love programming.")
]
```

3. 输出解析器（Output Parsers）

输出解析器将语言模型的初始输出转换为可在下游使用的格式。输出解析器主要包括如下几种类型。

- 将文本从模型输出转换为结构化信息（如 JSON）的解析器。
- 将模型输出转换为字符串的解析器。
- 将调用返回的额外信息（如 OpenAI 函数调用）转换为字符串的解析器。

下面使用一个简单的输出解析器用于解析逗号分隔的值列表。示例代码如下。

```Python
from langchain.output_parsers import CommaSeparatedListOutputParser

output_parser = CommaSeparatedListOutputParser()
output_parser.parse("hi, bye")
# >> ['hi', 'bye']
```

4. 使用 LangChain 表达式语言来组合

现在，我们可以将所有这些内容组合成一个链条。这个链条将接收输入变量，将它们传递给提示模板以创建提示，再将提示传递给语言模型，然后通过一个（可选的）输出解析器传递输出。这是一种将模块化逻辑打包起来的便捷方式。示例代码如下。

```Python
template = "Generate a list of 5 {text}.\n\n{format_instructions}"

chat_prompt = ChatPromptTemplate.from_template(template)
chat_prompt = chat_prompt.partial(format_instructions=output_parser.get_
format_instructions())
chain = chat_prompt | chat_model | output_parser
chain.invoke({"text": "colors"})
# >> ['red', 'blue', 'green', 'yellow', 'orange']
```

可以看到，以上的语法由 LangChain 表达式语言（LangChain Expression Language，LCEL）提供支持。具体内容详见后面的介绍。

4.2.2　Retrieval

Retrieval（检索）组件在 LangChain 中扮演了重要角色。由于大语言模型通常受到上下文长度的限制，它们可能无法在一次交互中处理大量的信息。因此，Retrieval 组件被用来在需要时从外部数据源中检索相关信息，以支持模型的后续处理。实现这一目标的主要方法是使用检索增强生成（Retrieval Augmented Generation，RAG）。在这个过程中，会检索外部数据，然后在生成步骤中将这些数据传递给大语言模型。

- 文档检索。Retrieval 组件可以根据用户查询或模型需求，从外部文档集中检索相关信息。这可能涉及使用传统的信息检索技术（如 TF-IDF、BM25 等）或更先进的技术（如基于向量的检索）。
- 上下文管理。除了基本的文档检索功能以外，Retrieval 组件还可以用来管理对话或任务的上下文。通过存储和检索先前的对话或任务信息，它可以帮助模型更好地理解当前输入，并生成更准确的响应。

文档加载器（Data Loader）可以从许多不同的来源加载文档。LangChain 提供了超过 100 种不同的文档加载器，以及与空间中的其他主要提供商（如 AirByte 和 Unstructured）的集成。LangChain 提供了加载所有类型文档（HTML、PDF、代码）从所有类型位置（私有 S3 存储桶、公共网站）的集成。

最简单的加载器将文件作为文本读取，并将其全部放入一个文档中。示例代码如下。

```Python
from langchain_community.document_loaders import TextLoader

loader = TextLoader("./index.md")
loader.load()
```

```Python
[
    Document(page_content='---\nsidebar_position: 0\n---\n# Document loaders\n\
nUse document loaders to load data from a source as `Document`\'s. A `Document` is
a piece of text\nand associated metadata. For example, there are document loaders
for loading a simple `.txt` file, for loading the text\ncontents of any web page,
or even for loading a transcript of a YouTube video.\n\nEvery document loader
exposes two methods:\n1. "Load": load documents from the configured source\n2.
"Load and split": load documents from the configured source and split them using
the passed in text splitter\n\nThey optionally implement:\n3. "Lazy load": load
documents into memory lazily\n', metadata={'source': '../docs/docs/modules/data_
connection/document_loaders/index.md'})
    ]
```

4.2.3 Agent

Agent 是 LangChain 中的另一个核心组件，它负责将各个组件整合在一起，形成一个完整的 NLP 应用程序。Agent 负责接收用户输入、与模型进行交互、调用其他组件（如 Retrieval）并生成最终响应。

- 输入处理。Agent 首先接收用户的初始输入，并可能使用 Module I/O 对其进行预处理或格式化。
- 与模型交互。Agent 将处理后的输入传递给模型，并接收模型的输出。它可能需要根据模型的输出生成后续输入，以支持多轮对话或任务完成。
- 调用其他组件。如果需要，Agent 可以调用其他组件（如 Retrieval）来获取额外的信息或执行特定的任务。
- 生成最终响应。Agent 将模型的输出和其他组件的结果整合在一起，生成最终的响应并返回给用户。

4.3 LCEL 入门

本节将介绍 LangChain 中最重要的内容——LangChain 表达式语言（LCEL）。

1. LCEL 是什么

LCEL 是 LangChain 官方推出的一种新的语法，用于通过组合方式创建链。它可以将一些有趣的 Python 概念抽象成一种格式，从而构建 LangChain 组件链的"极简主义"代码层。

LCEL 支持超快速开发链、流式处理、异步、并行执行等高级特性，并且可以与 LangSmith 和 LangServe 等工具集成。此外，LCEL 与 LangChain 库和模板的紧密集成，使开发者能够轻松地构建和部署功能强大的 NLP 应用程序。

通过使用 LCEL，开发者可以使用最基本的组件来构建复杂的链，并且支持一些开箱即用的功能，包括流式输出、并行处理以及日志输出等。这使开发者能够更加高效、灵活地构建和部署 NLP 应用程序，提高开发效率和应用程序性能。

总的来说，LCEL 是 LangChain 生态系统中不可或缺的一部分，它为开发者提供了一种强大的工具，使他们能够更加方便地构建和部署基于大语言模型的 NLP 应用程序。

2. LCEL 的优势和特点

LCEL 作为 LangChain 生态系统中的一个重要组件，具有一些显著的优势和特点，使得它在构建和部署 NLP 应用程序时非常好用。

- LCEL 提供了一种声明性的方式来组合和创建链，这使开发者能够以一种更加直观和简洁的方式表达他们的意图。通过简单的语法和组件组合，开发者可以快速地构建出复杂的 NLP 应用程序，而无须深入了解底层的实现细节。
- LCEL 支持流式处理、异步和并行执行等高级特性，这使开发者能够处理大量的数据和请求，并且能够提高应用程序的性能和响应速度。这对于许多实时性和高并发性的 NLP 应用程序来说是非常重要的。
- LCEL 与 LangChain 库、模板以及其他工具（如 LangSmith 和 LangServe）的紧密集成，使开发者能够更加方便地利用这些工具和资源来构建和部署应用程序。这种集成不仅简化了开发过程，还提高了应用程序的可维护性和可扩展性。
- LCEL 还具有一些开箱即用的功能，如流式输出、并行处理以及日志输出等，这些功能使开发者能够更加方便地监控和管理应用程序，以及进行调试和优化。

LCEL 作为一种强大而灵活的 NLP 应用程序开发工具，具有许多优势和特点，这使其在构建和部署基于大语言模型的 NLP 应用程序时非常好用。无论是对于初学者还是经验丰富的开发者来说，LCEL 都是一个值得考虑的选择。

接下来，通过一个示例帮助读者更好地理解 LCEL 的特点。假设你正在构建一个聊天机器人应用程序，你希望它能够理解用户的意图，并根据意图生成相应的回答。为了实现这个功能，你可以使用 LCEL 构建一个简单的链，该链由两个主要组件组成：意图识别模型和响应生成模型。

借助 LCEL，你可以通过简单的语法和组件组合来创建这个链。下面是 LCEL 表达式的一个示例。

```Python
intent_model = load_model("intent_recognition_model")
response_model = load_model("response_generation_model")

chain = [
  {"input": "user_text", "output": "intent"},
  {
      "input": "intent",
      "model": intent_model,
      "output": "predicted_intent"
  },
```

```
    {
        "input": "predicted_intent",
        "model": response_model,
        "output": "generated_response"
    }
]
```

在上面的示例中，首先加载了两个模型：一个用于意图识别，另一个用于响应生成。然后，定义了一个链，其中包含 3 个步骤：第 1 步将用户的文本输入作为链的输入，并将其命名为"intent"；第 2 步使用意图识别模型对输入文本进行意图识别，并将结果命名为"predicted_intent"；第 3 步使用响应生成模型根据预测的意图生成相应的回答，并将结果命名为"generated_response"。

通过 LCEL 的这种声明性方式，我们可以轻松地组合和创建链，而无须深入了解底层的实现细节。此外，LCEL 还支持流式处理、异步和并行执行等高级特性，这意味着我们可以处理大量的数据和请求，并且能够提高应用程序的性能和响应速度。这个例子展示了 LCEL 的一些特点，包括声明性组合、简单语法和高级特性支持。通过使用 LCEL，开发者可以更加高效、灵活地构建和部署 NLP 应用程序，提高开发效率和应用程序性能。

3. 用 LCEL 创建链的优势

LCEL 创建的链在 NLP 应用程序中具有多种用途。它主要用来处理和生成文本数据，以满足特定的任务需求。LCEL 创建的链的主要用途如下。

- 文本处理。可以对输入的文本进行各种处理，如分词、命名实体识别、情感分析等。这些处理步骤有助于提取文本中的关键信息，为后续的文本生成或理解提供基础。
- 意图识别。在对话系统或聊天机器人中，LCEL 创建的链可以识别用户的意图，即用户想要做什么或获取什么信息。这有助于系统生成更加准确的回应。
- 文本生成。基于输入的文本或识别出的意图，LCEL 创建的链可以生成相应的回应或文本。这可以用于生成聊天机器人的回复、自动完成句子、生成摘要等。
- 信息检索。在需要查找或获取外部信息的情况下，LCEL 创建的链可以触发检索组件，从数据库、互联网或其他资源中检索相关信息，并将其整合到处理流程中。
- 异步和并行处理。LCEL 创建的链支持异步和并行执行，这意味着它可以同时处理多个任务或请求，提高处理速度和效率。
- 模块化和可定制性。LCEL 的模块化架构允许轻松定制和修改链组件。这意味着开发者可以根据具体需求添加、删除或修改链中的组件，以实现个性化的功能。

总的来说，LCEL 创建的链是一个强大的工具，用于构建高效、灵活和可扩展的 NLP 应用程序。通过组合不同的组件和处理步骤，它可以满足各种文本处理任务的需求，提高应用程序的性能和用户体验。这使得其具体的应用场景也非常广泛，主要涉及 NLP 领域的各种任务和应用。以下是一些具体的应用场景示例。

- 聊天机器人。LCEL 可以用于构建聊天机器人的核心处理流程。通过组合不同的 NLP 组件，如意图识别、对话管理、文本生成等，聊天机器人可以理解和生成自然语言对话，提供智能问答、闲聊、任务执行等服务。
- 智能助手。类似于聊天机器人，智能助手也可以利用 LCEL 来构建。它们可以帮助用户管理日程、提供生活建议、执行命令等。通过组合不同的 NLP 组件和第三方服务，智能助手可以实现更加个性化和智能化的功能。

- 文本摘要和生成。LCEL 可以用于文本摘要和生成任务。它可以结合文本理解、信息抽取和生成模型等组件，自动生成文章的摘要、新闻报道、广告文案等。这对于信息获取、内容创作和广告营销等领域非常有用。
- 情感分析和情感生成。通过组合情感分析模型和文本生成模型，LCEL 可以用于情感分析和情感生成任务。它可以分析文本中的情感倾向和情感表达，并生成带有特定情感的文本，如情感回复、情感标签等。
- 问答系统和知识库。LCEL 可以用于构建问答系统和知识库。通过整合知识库、信息检索和问答匹配等组件，问答系统可以回答用户的问题并提供相关的知识。这对于智能客服、在线教育、智能助手等领域非常有用。
- 文本翻译和本地化。LCEL 可以用于文本翻译和本地化任务。通过结合机器翻译模型、语言模型和文本处理组件，LCEL 可以实现多语言之间的文本翻译和本地化处理，帮助用户理解和适应不同语言环境的文本内容。

这些只是 LCEL 的一些应用场景示例。实际上，由于 LCEL 的模块化和可定制性，它可以应用于任何需要 NLP 处理的场景，如社交媒体分析、舆情监控、智能写作等。开发者可以根据具体需求组合和定制 LCEL 组件，以满足不同任务和应用的需求。

4.4 LCEL 的使用示例

4.4.1 基础原理

LCEL 的核心思想是：一切皆为对象，一切皆为链。LCEL 中的每个对象都实现了一个统一的接口，如 Runnable，这定义了一系列的调用方法（如 invoke、batch、stream 等）。这样，你可以用相同的方式调用不同类型的对象，无论它们是模型、函数、数据还是配置。利用这些接口，用户可以很方便地构建 LangChain 链。本节将为读者介绍一些常用的 LCEL 的接口，以及异步和并行处理等内容，并给出它们的使用样例来辅助理解。

以下是一个使用 LCEL 的简单示例。

首先，导入必要的库和模块，如 ChatPromptTemplate、ChatOpenAI 和 StrOutputParser；然后，创建一个链，将 Prompt、大语言模型（如 ChatOpenAI）和 Output Parser 连接在一起；最后，这个链可以接收输入，如 {"topic": "bears"}，并生成相应的输出。

在 LCEL 中，可以使用 "|" 符号来连接不同的组件，形成一个链式结构。示例代码如下。

```Python
from langchain.prompts import ChatPromptTemplate
from langchain.chat_models import ChatOpenAI
from langchain.output_parsers import StrOutputParser

prompt = ChatPromptTemplate.from_template("tell me a short joke about {topic}")
```

```
model = ChatOpenAI()
output_parser = StrOutputParser()

# 创建链
chain = prompt | model | output_parser

# 调用链
result = chain.invoke({"topic": "ice cream"})
print(result)
```

在这个示例中，首先，创建了一个基于模板的 prompt 对象；然后，将其与 ChatOpenAI 模型和一个字符串输出解析器连接在一起；最后，通过调用链的 invoke 方法来生成关于"ice cream"的笑话。

> **注意**
>
> 　　以上示例中的具体库和模块可能因使用的 LangChain 版本而有所不同。因此，在实际使用时，请确保查阅相关文档以获取最新的信息和示例代码。

此外，LCEL 还支持更高级的特性，如流式处理、异步执行和并行化。例如，可以使用 chain.stream 方法来流式处理输入数据，或使用 chain.ainvoke 方法来异步调用链。这些特性可以帮助你提高 AI 应用程序的性能和响应速度。接下来我们将给出这几种特性的示例，以帮助你更快上手。

1. 流式处理

流式处理允许你处理大量的数据，而不需要一次性将所有数据加载到内存中。这对于处理大文件、数据流或实时数据非常有用，特别是当数据不适合一次性加载到内存中时。例如，处理日志文件、实时数据流、视频帧等。示例代码如下。

```Python
from langchain.prompts import ChatPromptTemplate
from langchain.chat_models import ChatOpenAI
from langchain.output_parsers import StrOutputParser
from langchain.chains import LChain

# 创建组件
prompt = ChatPromptTemplate.from_template("tell me a short joke about {topic}")
model = ChatOpenAI()
output_parser = StrOutputParser()

# 创建链
chain = LChain([prompt, model, output_parser])

# 流式处理数据
def process_data(data_stream):
  for data in data_stream:
      result = chain.stream(data)
```

```
        print(result)

# 假设我们有一个生成器，它产生一系列的输入数据
data_generator = ({"topic": f"topic_{i}"} for i in range(10))

# 使用流式处理
process_data(data_generator)
```

流式处理允许你处理一个数据流，而不是一次性加载整个数据集。在示例中，我们创建了一个数据流生成器 data_generator，它产生一系列的输入数据。然后，我们使用 chain.stream 方法逐个处理这些数据，而不是一次性处理所有数据。

流式处理的具体应用领域和示例如下。

- 实时数据分析。在大数据环境中，流式处理用于实时分析从各种传感器、日志文件、社交媒体等来源接收的数据流。例如，金融交易系统可能需要实时分析股市数据以做出决策。
- 网络监控。网络安全团队可以使用流式处理来实时监控网络流量，检测异常行为或潜在的安全威胁。
- 物联网（Internet of Things，IoT）。在 IoT 应用中，流式处理用于从设备传感器收集数据，并在数据到达时进行实时分析和响应。

2. 异步执行

异步执行允许你在等待某个操作完成时，同时执行其他操作。异步执行通常用于提高应用程序的响应性和吞吐量。例如，在处理网络请求、数据库查询或任何 I/O 密集型操作时，你可以使用异步编程来避免阻塞主线程，从而提高应用程序的性能。示例代码如下。

```Python
from langchain.chains import AChain
import asyncio

# 创建一个异步版本的链
async_chain = AChain([prompt, model, output_parser])

async def async_process_data(data):
  result = await async_chain.ainvoke(data)
  print(result)

# 使用异步函数处理数据
loop = asyncio.get_event_loop()
loop.run_until_complete(async_process_data({"topic": "async_joke"}))
```

异步执行允许你在等待一个操作完成时执行其他操作。在示例中，我们使用了 AChain（假设它是一个异步链类）和 async/await 语法来异步处理数据。这意味着在等待模型生成回复时，程序可以继续执行其他任务。

异步执行的具体应用领域和示例如下。

- Web 开发。在 Web 应用程序中，异步执行通常用于处理用户请求，而不会阻塞主线程。

例如，使用异步编程可以实现在等待数据库查询结果时，仍然响应用户的其他操作。

- 图形用户界面（GUI）。在GUI应用程序中，异步编程可以提高响应性，使用户在单击按钮或进行其他交互时不会感到延迟。
- API服务。在构建RESTful API或微服务时，异步执行允许服务在处理长时间运行的任务时，仍然能够响应其他请求。

3. 并行化

并行化允许你同时执行多个任务，从而提高处理速度。这在处理多个独立的任务或数据集时非常有用。例如，当你需要同时处理多幅图像、多个视频帧，或执行复杂的数学计算时，并行化可以显著提高处理速度。示例代码如下。

```Python
from langchain.chains import PChain
from concurrent.futures import ThreadPoolExecutor

# 创建一个并行版本的链
parallel_chain = PChain([prompt, model, output_parser])

def parallel_process_data(data_list):
  with ThreadPoolExecutor() as executor:
        futures = [executor.submit(parallel_chain.invoke, data) for data in
data_list]
      results = [f.result() for f in futures]
      for result in results:
          print(result)

# 假设我们想要并行处理一个数据列表
data_list = [{"topic": f"parallel_joke_{i}"} for i in range(5)]

# 使用并行处理
parallel_process_data(data_list)
```

并行化允许你同时执行多个任务，从而提高处理速度。在示例中，我们使用PChain（假设它是一个并行链类）和ThreadPoolExecutor来并行处理多个输入数据。这意味着多个任务可以同时进行，而不是一个接一个地执行。

并行化的具体应用领域和示例如下。

- 科学计算。在科学计算领域，如物理模拟、气候模型或生物信息学，并行化可以显著加速计算过程。
- 机器学习。在机器学习和深度学习中，训练模型通常需要大量的计算资源。通过并行化，可以在多个处理器或GPU上同时处理不同的训练任务，从而加速训练过程。
- 图像和视频处理。在处理大量图像或视频帧时，并行化可以加快处理速度，例如同时进行多个滤镜效果或特征提取。

总的来说，这些技术可以应用于任何需要处理大量数据、提高性能或响应性的场景。选择使用哪种技术取决于具体的需求和约束条件，如数据类型、处理速度、计算资源等。

4.4.2 常用方式

在 LCEL 中，有很多基本的使用方式，本小节将介绍一些 LCEL 的常用用法，包括操作数据、传递数据、自定义函数和创建可运行对象等。在每种用法的介绍中，会给出相应的实现代码，以帮助读者快速掌握基础的使用。

1. 操作数据

在 LCEL 中，可以使用各种操作符和操作函数来操作数据。例如，你可以使用算术操作符（如 +、−、*、/）进行数值计算，使用字符串操作符（如 +、substring）处理字符串数据。示例代码如下。

```Python
from langchain.chains import LChain
from langchain.prompts import ChatPromptTemplate
from langchain.chat_models import ChatOpenAI
from langchain.output_parsers import StrOutputParser

# 创建一个简单的链，其中包括 prompt、model 和 output_parser
prompt = ChatPromptTemplate.from_template("What is {math_expr}?")
model = ChatOpenAI()
output_parser = StrOutputParser()

# 创建链
chain = LChain([prompt, model, output_parser])

# 传递数据到链中
data = {"math_expr": "2 + 2"}
result = chain.run(data)

# 输出结果
print(result)  # 输出："What is 2 + 2? The answer is 4."
```

2. 传递数据

在 LCEL 中，数据通过链的组件进行传递。每个组件都可以接收输入数据并进行处理，同时产生输出数据。该输出数据随后传递给链中的下一个组件。示例代码如下。

```Python
# 假设我们有一个自定义的输出解析器，它接收模型的输出并返回处理后的数据
class CustomOutputParser:
    def process(self, output):
        # 这里可以添加任何自定义的处理逻辑
        return f"Processed output: {output}"

# 创建一个包含自定义输出解析器的链
custom_parser = CustomOutputParser()
chain = LChain([prompt, model, custom_parser])
```

```python
# 传递数据到链中
data = {"math_expr": "3 * 3"}
processed_result = chain.run(data)

# 输出处理后的结果
print(processed_result)  # 输出："Processed output: The answer is 9."
```

3. 自定义函数

LCEL 允许你定义自定义函数，这些函数可以在链的组件中调用。自定义函数可以执行任何你需要的逻辑，从简单的数据处理到复杂的业务规则。示例代码如下。

```python
Python
# 定义一个自定义函数，用于处理数学表达式
def evaluate_math_expr(expr):
    try:
        return eval(expr)
    except Exception as e:
        return f"Error evaluating expression: {e}"

# 将自定义函数作为链的一部分
custom_prompt = ChatPromptTemplate.from_template("Evaluate the expression
{math_expr} and return the result.")
custom_model = lambda data: {"result": evaluate_math_expr(data["math_expr"])}

# 创建链
chain = LChain([custom_prompt, custom_model, output_parser])

# 传递数据到链中
data = {"math_expr": "5 - 2"}
evaluated_result = chain.run(data)

# 输出评估后的结果
print(evaluated_result)  # 输出："Evaluate the expression 5 - 2 and return the
result. The answer is 3."
```

4. 创建可运行对象

在 LCEL 中，你可以通过组合不同的组件和函数来创建可运行的对象（通常是链），这些对象可以被配置、保存和重用。示例代码如下。

```python
Python
# 创建可运行对象（链）
runnable_chain = LChain([prompt, model, output_parser])

# 保存可运行对象（这里仅为示例，实际保存方法取决于 LCEL 的实现）
# save_chain(runnable_chain, "my_chain.lcel")

# 加载可运行对象（这里仅为示例，实际加载方法取决于 LCEL 的实现）
```

```
# loaded_chain = load_chain("my_chain.lcel")

# 使用可运行对象处理数据
data = {"math_expr": "4 / 2"}
result = runnable_chain.run(data)

# 输出结果
print(result)  # 输出: "What is 4 / 2? The answer is 2."
```

> **注意**
>
> 以上示例代码假设 LChain、ChatPromptTemplate、ChatOpenAI、StrOutputParser 等类和函数是 LCEL 框架中实际存在的。在实际使用时，需要查阅 LCEL 的官方文档或 API 查找正确的类和方法。

4.5 RAG 基础应用

LangChain 设计了多个组件，旨在帮助构建问答应用程序，更广泛地支持 RAG 应用程序。为了熟悉这些组件，我们将构建一个简单的基于文本数据源的问答应用程序。在此过程中，我们将讨论典型的问答架构，探讨相关的 LangChain 组件，并突出展示更高级问答技术的额外资源。我们还将看到 LangSmith 如何帮助我们追踪和理解我们的应用程序。随着应用程序复杂性的增加，LangSmith 将变得越来越有用。

RAG 是一种用于提升大语言模型的知识范围，通过引入额外的数据来增强其能力的技术。尽管大语言模型能够推理各种各样的主题，但它们的知识是基于它们训练时所接触到的公共数据。这就意味着，如果使用者想要构建的 AI 应用程序需要考虑私人数据，或者需要处理模型截止日期之后引入的新数据，就需要使用 RAG 技术。

具体而言，RAG 技术将特定信息引入模型中，以便模型在生成文本或回答问题时能够考虑这些信息。例如，如果使用者正在构建一个关于医学的 AI 应用程序，他可能希望模型能够考虑到最新的医学研究结果，而这些结果可能是在模型训练之后才出现的。通过使用 RAG，使用者可以将这些最新的研究数据引入模型中，以便模型在生成文本时能够基于这些数据进行推理和决策。

4.5.1 RAG 架构

RAG 架构如图 4-4 所示。它主要包含如下两个组件。
- 索引。一个从源数据中摄取数据并对其进行索引的流程。这通常是离线发生的。
- 检索和生成。实际的 RAG 链，它在运行时接受用户查询，并从索引中检索相关数据，然后传递给模型。

图 4-4　RAG 架构

1. 索引

索引组件中包括加载、分割和存储 3 部分。

- 加载。我们将使用 DocumentLoaders 来加载我们的数据。
- 分割。文本分割器将大型文档分割成更小的块。这对于索引数据和将其传递给模型都很有用，因为大块数据更难搜索，并且不会适合模型有限的上下文窗口。
- 存储。我们需要一个地方来存储和索引我们的分割，以便它们可以被搜索。这通常使用 VectorStore 和 Embeddings 模型来完成。

2. 检索和生成

检索和生成组件包括检索和生成两部分。

- 检索。给定一个用户输入，相关的分割从存储中通过检索器检索出来。
- 生成。一个大语言模型（如 ChatModel）使用包含问题和检索到的数据的提示来生成答案。

4.5.2　设置

1. 依赖项

我们将在这个演示中使用 OpenAI 聊天模型和嵌入以及 Chroma 向量存储，但这里展示的一切都适用于任何大语言模型（如 ChatModel）、Embeddings 和 VectorStore 或检索器。

首先，安装所需的包。示例代码如下。

```Shell
%pip install --upgrade --quiet langchain langchain-community langchainhub langchain-openai chromadb bs4
```

然后，设置环境变量 OPENAI_API_KEY。可以直接设置或从 .env 文件中加载。示例代码如下。

```Python
import getpass
import os
os.environ["OPENAI_API_KEY"] = getpass.getpass()
import dotenv
dotenv.load_dotenv()
```

2. LangSmith

使用 LangChain 构建应用程序时包含多个步骤，并多次调用大语言模型。随着这些应用程序变得越来越复杂，能够检查链或 Agent 内部确切发生的情况变得至关重要。推荐的做法是使用 LangSmith。

请注意，LangSmith 不是必需的，但它是有帮助的。如果你想使用 LangSmith，在你通过上面的链接注册后，确保设置你的环境变量以开始记录跟踪。示例代码如下。

```Python
os.environ["LANGCHAIN_TRACING_V2"] = "true"
os.environ["LANGCHAIN_API_KEY"] = getpass.getpass()
```

3. 预览

接下来，将构建一个 QA（Question Answer，问答）应用程序，该应用程序基于 Lilian Weng 的"LLM Powered Autonomous Agents"博文询问有关该文章内容的问题。

首先，创建一个简单的索引 pipeline 和 RAG 链。示例代码如下。

```Python
import bs4
from langchain import hub
from langchain.text_splitter import RecursiveCharacterTextSplitter
from langchain_community.document_loaders import WebBaseLoader
from langchain_community.vectorstores import Chroma
from langchain_core.output_parsers import StrOutputParser
from langchain_core.runnables : RunnablePassthrough
from langchain_openai import ChatOpenAI, OpenAIEmbeddings
```

然后，加载、分块和索引博文的内容。示例代码如下。

```Python
loader = WebBaseLoader(
  web_paths=("https://lilianweng.github.io/posts/2023-06-23-agent/",),
      bs_kwargs=dict(
      parse_only=bs4.SoupStrainer(
      class_=("post-content", "post-title", "post-header")
      )
  ),
)
docs = loader.load()
text_splitter = RecursiveCharacterTextSplitter(chunk_size=1000, chunk_overlap=200)
splits = text_splitter.split_documents(docs)
vectorstore = Chroma.from_documents(documents=splits, embedding=OpenAIEmbeddings())
```

接下来，使用博文的相关片段检索和生成相关内容。示例代码如下。

```Python
retriever = vectorstore.as_retriever()
prompt = hub.pull("rlm/rag-prompt")
llm = ChatOpenAI(model_name="gpt-3.5-turbo", temperature=0)
def format_docs(docs):
  return "\n\n".join(doc.page_content for doc in docs)
rag_chain = (
  {"context": retriever | format_docs, "question": RunnablePassthrough()}
  | prompt
  | llm
  | StrOutputParser()
)
rag_chain.invoke("什么是任务分解？")
```

#' 任务分解是一种将复杂任务分解为更小、更简单步骤的技术。它可以通过提示技术如思维链或思维树，或者使用任务特定的指令或人类输入来完成。任务分解帮助 Agent 提前规划，并更有效地管理复杂任务。'

最后，进行清理。示例代码如下。

```Python
vectorstore.delete_collection()
```

4.5.3 详细分析

本节将逐步拆解 4.5.2 节中的代码，真正理解其中的逻辑。

1. 索引：加载

首先加载博文内容。我们可以使用 DocumentLoaders 完成这一点，这将从源加载数据并返回文档列表的对象。一个 Document 是一个包含一些 page_content(str) 和 metadata(dict) 的对象。

在这种情况下，可以使用 WebBaseLoader——它使用 urllib 从 Web URL 加载 HTML 并使用 BeautifulSoup 将其解析为文本。我们可以通过向 BeautifulSoup 解析器传递参数 via bs_kwargs 来自定义 HTML 到文本的解析。在这种情况下，由于只有带有类 "post-content" "post-title" 或 "post-header" 的 HTML 标签是相关的，因此我们将删除所有其他标签。示例代码如下。

```Python
import bs4
from langchain_community.document_loaders import WebBaseLoader

# 仅保留完整 HTML 中的文章标题、标头和内容
bs4_strainer = bs4.SoupStrainer(class_=("post-title", "post-header", "post-content"))
loader = WebBaseLoader(
    web_paths=("https://lilianweng.github.io/posts/2023-06-23-agent/",),
    bs_kwargs={"parse_only": bs4_strainer},
)
docs = loader.load()


len(docs[0].page_content)


# 42824


print(docs[0].page_content[:500])



#       LLM Powered Autonomous Agents
#
# Date: June 23, 2023  |  Estimated Reading Time: 31 min  |  Author: Lilian Weng
```

```
#
#
# Building agents with LLM (large language model) as its core controller is
a cool concept. Several proof-of-concepts demos, such as AutoGPT, GPT-Engineer
and BabyAGI, serve as inspiring examples. The potentiality of LLM extends beyond
generating well-written copies, stories, essays and programs; it can be framed as
a powerful general problem solver.
# Agent System Overview#
# In
```

2. 索引：分割

我们加载的文档包含的字符超过 42 000 个。这对许多模型的上下文窗口来说太长了。即使对那些可以将完整博文放入其上下文窗口的模型来说，在非常长的输入中也难以找到信息。

为了处理这个问题，我们将把文档分割成块，以便进行嵌入和向量存储。这应该有助于我们在运行时只检索博文的最相关部分。

在这种情况下，我们将把文档分割成每个块 1000 个字符，块之间有 200 个字符的重叠。重叠有助于减轻语句与相关的重要上下文分开的可能性。我们使用 RecursiveCharacter TextSplitter——它会使用常见的分隔符（如换行符）递归地分割文档，直到每个块达到适当的大小。这是通用文本用例推荐的文本分割器。

我们设置 add_start_index=True，这样每个分割文档在初始文档中开始的字符索引将被保存为元数据属性"start_index"。示例代码如下。

```Python
from langchain.text_splitter import RecursiveCharacterTextSplitter

text_splitter = RecursiveCharacterTextSplitter(
    chunk_size=1000, chunk_overlap=200, add_start_index=True
)
all_splits = text_splitter.split_documents(docs)
len(all_splits)

# 66

len(all_splits[0].page_content)

# 969

all_splits[10].metadata

# {'source': 'https://lilianweng.github.io/posts/2023-06-23-agent/',
#  'start_index': 7056}
```

3. 索引：存储

现在，我们需要对 66 个文本块进行索引，以便在运行时可以对它们进行搜索。最常见的方法是将每个文档分割的内容嵌入，并将这些嵌入插入到一个向量数据库（或向量存储）中。

当想要搜索已保存的分割时，可以进行文本搜索查询，将其嵌入，并执行某种"相似性"搜索，以识别与我们查询嵌入最相似的存储分割。最简单的相似性度量是余弦相似度——测量每对嵌入之间的夹角的余弦（它们是高维向量）。

我们可以使用 Chroma 和 OpenAIEmbeddings 模型在单个命令中嵌入和存储所有的文档分割。示例代码如下。

```Python
from langchain_community.vectorstores import Chroma
from langchain_openai import OpenAIEmbeddings

vectorstore = Chroma.from_documents(documents=all_splits, embedding=
OpenAIEmbeddings())
```

4. 检索和生成：检索

现在让我们编写实际的应用程序逻辑。我们希望创建一个简单的应用程序，接受用户的问题，搜索与该问题相关的文档，将检索到的文档和初始问题传递给模型，然后返回一个答案。

首先，需要定义在文档上搜索的逻辑。LangChain 定义了一个 Retriever 接口，它包装了一个索引，可以根据字符串查询返回相关的文档。

最常见的检索器类型是 VectorStoreRetriever，它使用向量存储的相似性搜索功能进行检索。任何 VectorStore 都可以轻松地转换为 Retriever，这里使用 VectorStore.as_retriever 方法即可。示例代码如下。

```Python
retriever = vectorstore.as_retriever(search_type="similarity", search_
kwargs={"k": 6})
# search_kwargs 参数指的是对查询操作的配置，{"k": 6} 指的是返回查询匹配前 6 位的结果

retrieved_docs = retriever.invoke("What are the approaches to Task
Decomposition?")

len(retrieved_docs)

# 6

print(retrieved_docs[0].page_content)

# Tree of Thoughts (Yao et al. 2023) extends CoT by exploring multiple
reasoning possibilities at each step. It first decomposes the problem into multiple
thought steps and generates multiple thoughts per step, creating a tree structure.
The search process can be BFS (breadth-first search) or DFS (depth-first search)
with each state evaluated by a classifier (via a prompt) or majority vote.
# Task decomposition can be done (1) by LLM with simple prompting like "Steps
for XYZ.\n1.", "What are the subgoals for achieving XYZ?", (2) by using task-
specific instructions; e.g. "Write a story outline." for writing a novel, or (3)
with human inputs.
```

5. 检索和生成：生成

现在让我们将所有内容整合到一个链条中，该链条将接收一个问题，检索相关文档，构造提示，然后将其传递给一个模型，并解析输出。

我们将使用gpt-3.5-turbo OpenAI聊天模型，但可以用任何LangChain的大语言模型或ChatModel来替代。示例代码如下。

```Python
from langchain_openai import ChatOpenAI

llm = ChatOpenAI(model_name="gpt-3.5-turbo", temperature=0)
```

我们将使用一个存储于LangChain提示中心的用于RAG的提示作为示例。示例代码如下。

```Python
from langchain import hub

prompt = hub.pull("rlm/rag-prompt")

example_messages = prompt.invoke(
    {"context": "filler context", "question": "filler question"}
).to_messages()
example_messages

# [HumanMessage(content="You are an assistant for question-answering tasks.
Use the following pieces of retrieved context to answer the question. If you
don't know the answer, just say that you don't know. Use three sentences maximum
and keep the answer concise.\nQuestion: filler question \nContext: filler context
\nAnswer:")]

print(example_messages[0].content)

# You are an assistant for question-answering tasks. Use the following pieces
of retrieved context to answer the question. If you don't know the answer, just
say that you don't know. Use three sentences maximum and keep the answer concise.
# Question: filler question
# Context: filler context
# Answer:
```

通过使用LCEL可运行协议定义该链，我们能够：
- 以透明的方式将组件和函数连接在一起；
- 在LangSmith中自动跟踪我们构建的链；
- 使用成熟的接口获得流式、异步和批处理调用。

示例代码如下。

```Python
from langchain_core.output_parsers import StrOutputParser
from langchain_core.runnables import RunnablePassthrough


def format_docs(docs):
    return "\n\n".join(doc.page_content for doc in docs)


rag_chain = (
    {"context": retriever | format_docs, "question": RunnablePassthrough()}
    | prompt
    | llm
    | StrOutputParser()
)

for chunk in rag_chain.stream("What is Task Decomposition?"):
    print(chunk, end="", flush=True)

# Task decomposition is a technique used to break down complex tasks into
smaller and simpler steps. It involves transforming big tasks into multiple
manageable tasks, allowing for easier interpretation and execution by autonomous
agents or models. Task decomposition can be done through various methods, such as
using prompting techniques, task-specific instructions, or human inputs.
```

在上述代码中，我们可以从 LangChain 提示中心加载提示，例如 RAG 提示。但是这个提示也可以很容易地进行自定义。示例代码如下。

```Python
from langchain_core.prompts import PromptTemplate

template = """Use the following pieces of context to answer the question at
the end.
    If you don't know the answer, just say that you don't know, don't try to make
up an answer.
    Use three sentences maximum and keep the answer as concise as possible.
    Always say "thanks for asking!" at the end of the answer.

    {context}

    Question: {question}

    Helpful Answer:"""
custom_rag_prompt = PromptTemplate.from_template(template)

rag_chain = (
    {"context": retriever | format_docs, "question": RunnablePassthrough()}
```

```
| custom_rag_prompt
| llm
| StrOutputParser()
)


rag_chain.invoke("What is Task Decomposition?")


# 'Task decomposition is a technique used to break down complex tasks into
smaller and simpler steps. It involves transforming big tasks into multiple
manageable tasks, allowing for a more systematic and organized approach to
problem-solving. Thanks for asking!'
```

4.6 Agent 基础应用

当我们明确知道执行特定任务所需的工具使用顺序时,链式操作显得尤为高效。然而,在某些应用场景中,我们使用的工具顺序和次数可能会随着用户输入的变化而变化。针对这类情况,Agent 作为一种强大的工具,能够自主决定何时以及如何使用这些工具,从而为我们提供更大的灵活性和适应性。

LangChain 配备了众多内置 Agent,这些 Agent 针对不同用例进行了专门的优化。以 OpenAI 工具 Agent 为例,它充分利用了最新的 OpenAI 工具调用 API(需注意,此功能仅适用于新型 OpenAI 模型)。与传统的函数调用方式不同,该 API 允许模型一次性返回多个函数调用结果,从而显著提升了效率和灵活性。Agent 的流程如图 4-5 所示。

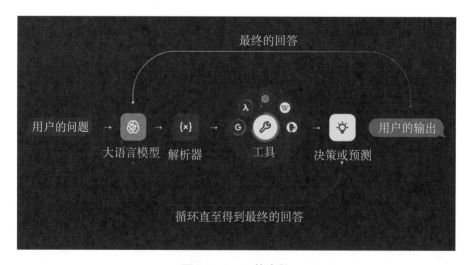

图 4-5 Agent 的流程

4.6.1 搭建 Agent

首先,安装所需的包。示例代码如下。

```Shell
%pip install --upgrade --quiet langchain langchain-openai
```

然后，设置环境变量。示例代码如下。

```Python
import getpass
import os

os.environ["OPENAI_API_KEY"] = getpass.getpass()

# 如果想要使用 LangSmith，可以取消以下注释
# os.environ["LANGCHAIN_TRACING_V2"] = "true"
# os.environ["LANGCHAIN_API_KEY"] = getpass.getpass()
```

4.6.2 创建工具

下面创建一些要调用的工具。在这个示例中，我们将从函数创建自定义工具。示例代码如下。

```Python
from langchain_core.tools import tool


@tool
def multiply(first_int: int, second_int: int) -> int:
  """Multiply two integers together."""
  return first_int * second_int


@tool
def add(first_int: int, second_int: int) -> int:
  "Add two integers."
  return first_int + second_int


@tool
def exponentiate(base: int, exponent: int) -> int:
  "Exponentiate the base to the exponent power."
  return base**exponent


tools = [multiply, add, exponentiate]
```

4.6.3 创建提示

创建提示的示例代码如下。

```Python
from langchain import hub
from langchain.agents import AgentExecutor, create_openai_tools_agent
from langchain_openai import ChatOpenAI

prompt = hub.pull("hwchase17/openai-tools-agent")
prompt.pretty_print()
```

运行上述代码，输出如下。

```Python
============================ System Message ============================

You are a helpful assistant

============================ Messages Placeholder ============================

{chat_history}

============================ Human Message ============================

{input}

============================ Messages Placeholder ============================

{agent_scratchpad}
```

4.6.4　构建 Agent

构建 Agent 的示例代码如下。

```Python
model = ChatOpenAI(model="gpt-3.5-turbo-1106", temperature=0)

agent = create_openai_tools_agent(model, tools, prompt)

agent_executor = AgentExecutor(agent=agent, tools=tools, verbose=True)
```

4.6.5　调用 Agent

调用 Agent 的示例代码如下。

```Python
agent_executor.invoke(
    {
        "input": "Take 3 to the fifth power and multiply that by the sum of
twelve and three, then square the whole result"
    }
)
```

运行上述代码，输出如下。

```Python


> Entering new AgentExecutor chain...

Invoking: `exponentiate` with `{'base': 3, 'exponent': 5}`


243
Invoking: `add` with `{'first_int': 12, 'second_int': 3}`


15
Invoking: `multiply` with `{'first_int': 243, 'second_int': 15}`


3645
Invoking: `exponentiate` with `{'base': 3645, 'exponent': 2}`


13286025The result of raising 3 to the fifth power and multiplying that by the
sum of twelve and three, then squaring the whole result is 13,286,025.

> Finished chain.

{'input': 'Take 3 to the fifth power and multiply that by the sum of twelve and
three, then square the whole result',
 'output': 'The result of raising 3 to the fifth power and multiplying that by
the sum of twelve and three, then squaring the whole result is 13,286,025.'}
```

4.7 高级 RAG 应用程序

前面介绍了一个基础的 RAG 应用程序，本节将继续深入这个应用程序，并通过在其上添加不同类型的新功能来介绍更多 LangChain 组件的使用方式，包括返回信息源、添加聊天记录等。

4.7.1 高级应用示例——添加聊天记录

在许多 QA 应用程序中，我们希望允许用户进行来回对话，这意味着应用程序需要一些"记忆"来记录过去的问题和答案，并且需要一些逻辑来将它们融入当前的思考中。在本书中，我们重点介绍如何添加逻辑将历史消息纳入考虑，而不是聊天历史管理。

接下来，需要更新 4.6 节开发的应用程序的如下两个方面。

- 提示。更新提示以支持将历史消息作为输入。
- 问题的情境化。添加一个子链，接收最新的用户问题并将其在聊天历史的背景下重新构造。这是必要的，因为最新的问题可能参考了过去消息的某些上下文。例如，如果用户提出了一个后续问题，比如"你能详细解释第二点吗？"，在没有上下文的情况下程序将无法理解。因此，我们无法有效地使用这样的问题进行检索。

4.7.2 构建环境

1. 依赖模块

我们将在本书中使用 OpenAI 聊天模型和嵌入以及 Chroma 向量存储，但是这里展示的所有内容适用于任何 ChatModel 或大语言模型、Embeddings 和 VectorStore 或 Retriever。

首先，导入软件包。示例代码如下。

```Python
%pip install --upgrade --quiet langchain langchain-community langchainhub
langchain-openai chromadb bs4
```

然后，设置环境变量 OPENAI_API_KEY。可以直接设置，也可以从 .env 文件中加载。示例代码如下。

```Python
import getpass
import os

os.environ["OPENAI_API_KEY"] = getpass.getpass()

# import dotenv

# dotenv.load_dotenv()
```

2. LangSmith

在使用 LangChain 构建的许多应用程序中，可能会涉及多个步骤和多次大型语言模型调用的情况。随着这些应用程序变得越来越复杂，能够检查链或 Agent 程序内部发生的情况变得至关重要。LangSmith 是实现这一目标的理想工具。

需要注意的是，虽然 LangSmith 并非必需，但它对于跟踪和分析链或 Agent 程序内部发生的情况非常有帮助。如果你打算使用 LangSmith，请在注册后确保正确设置环境变量，以便开始记录跟踪信息。这将有助于你更好地理解程序的运行情况，从而优化和改进应用程序的性能。示例代码如下。

```Python
os.environ["LANGCHAIN_TRACING_V2"] = "true"
os.environ["LANGCHAIN_API_KEY"] = getpass.getpass()
```

4.7.3　没有聊天历史的链条

本节将针对基于 Lilian Weng 的 "LLM Powered Autonomous Agents" 博文中构建的 QA 应用程序进行介绍。

首先，导入需要的包。示例代码如下。

```Python
import bs4
from langchain import hub
from langchain.text_splitter import RecursiveCharacterTextSplitter
from langchain_community.document_loaders import WebBaseLoader
from langchain_community.vectorstores import Chroma
from langchain_core.output_parsers import StrOutputParser
from langchain_core.runnables import RunnablePassthrough
from langchain_openai import ChatOpenAI, OpenAIEmbeddings
```

其次，构建不包含聊天历史的链条。示例代码如下。

```Python
# Load, chunk and index the contents of the blog
loader = WebBaseLoader(
    web_paths=("https://lilianweng.github.io/posts/2023-06-23-agent/",),
    bs_kwargs=dict(
        parse_only=bs4.SoupStrainer(
            class_=("post-content", "post-title", "post-header")
        )
    ),
)
docs = loader.load()

text_splitter = RecursiveCharacterTextSplitter(chunk_size=1000, chunk_overlap=200)
splits = text_splitter.split_documents(docs)
vectorstore = Chroma.from_documents(documents=splits, embedding=OpenAIEmbeddings())

# Retrieve and generate using the relevant snippets of the blog
retriever = vectorstore.as_retriever()
prompt = hub.pull("rlm/rag-prompt")
llm = ChatOpenAI(model_name="gpt-3.5-turbo", temperature=0)

def format_docs(docs):
```

```
      return "\n\n".join(doc.page_content for doc in docs)

  rag_chain = (
    {"context": retriever | format_docs, "question": RunnablePassthrough()}
    | prompt
    | llm
    | StrOutputParser()
  )

  rag_chain.invoke("What is Task Decomposition?")

  # 'Task decomposition is a technique used to break down complex tasks into
smaller and simpler steps. It can be done through prompting techniques like Chain
of Thought or Tree of Thoughts, or by using task-specific instructions or human
inputs. Task decomposition helps agents plan ahead and manage complicated tasks
more effectively.'
```

4.7.4　情境化问题

首先，需要定义一个子链，该子链接收历史消息和最新的用户问题，并在遇到新问题时参考历史信息对问题进行重新构造。

我们将使用一个包含 MessagesPlaceholder 变量的提示，名称为"chat_history"。这允许我们通过使用"chat_history"输入键将消息列表传递到提示中，这些消息将被插入到系统消息之后和包含最新问题的人类消息之前。示例代码如下。

```Python
from langchain_core.prompts import ChatPromptTemplate, MessagesPlaceholder

contextualize_q_system_prompt = """Given a chat history and the latest user
question \
which might reference context in the chat history, formulate a standalone
question \
which can be understood without the chat history. Do NOT answer the question, \
just reformulate it if needed and otherwise return it as is."""
contextualize_q_prompt = ChatPromptTemplate.from_messages(
  [
      ("system", contextualize_q_system_prompt),
      MessagesPlaceholder(variable_name="chat_history"),
      ("human", "{question}"),
  ]
)
contextualize_q_chain = contextualize_q_prompt | llm | StrOutputParser()
```

通过使用这个链，我们可以提出引用过去消息的后续问题，并将它们重新构造成独立的问题。示例代码如下。

```Python
from langchain_core.messages import AIMessage, HumanMessage

contextualize_q_chain.invoke(
    {
        "chat_history": [
            HumanMessage(content="What does LLM stand for?"),
            AIMessage(content="Large language model"),
        ],
        "question": "What is meant by large",
    }
)


# 'What is the definition of "large" in the context of a language model?'
```

4.7.5 有聊天历史的链条

现在我们可以构建一个完整的问答链，其中包含了一些路由功能。这些功能确保了只有在聊天历史不为空时，才会执行"condense question chain"。在这个过程中，我们利用了一个关键事实：如果 LCEL 链中的一个函数返回另一个链，那么该链本身将被调用。这种方式使得我们能够灵活地组织和调用链式操作，从而实现更高效的问答处理。示例代码如下。

```Python
qa_system_prompt = """You are an assistant for question-answering tasks. \
Use the following pieces of retrieved context to answer the question. \
If you don't know the answer, just say that you don't know. \
Use three sentences maximum and keep the answer concise.\

{context}"""
qa_prompt = ChatPromptTemplate.from_messages(
    [
        ("system", qa_system_prompt),
        MessagesPlaceholder(variable_name="chat_history"),
        ("human", "{question}"),
    ]
)


def contextualized_question(input: dict):
    if input.get("chat_history"):
        return contextualize_q_chain
    else:
        return input["question"]


rag_chain = (
```

```
    RunnablePassthrough.assign(
        context=contextualized_question | retriever | format_docs
    )
    | qa_prompt
    | llm
)
```

```Python
chat_history = []

question = "What is Task Decomposition?"
ai_msg = rag_chain.invoke({"question": question, "chat_
history})
chat_history.extend([HumanMessage(content=question), ai_msg])

second_question = "What are common ways of doing it?"
rag_chain.invoke({"question": second_question, "chat_history": chat_history})

# AIMessage(content='Common ways of task decomposition include:\n\n1. Using
Chain of Thought (CoT): CoT is a prompting technique that instructs the model
to "think step by step" and decompose complex tasks into smaller and simpler
steps. This approach utilizes more computation at test-time and sheds light on
the model\'s thinking process.\n\n2. Prompting with LLM: Language Model (LLM)
can be used to prompt the model with simple instructions like "Steps for XYZ"
or "What are the subgoals for achieving XYZ?" This method guides the model to
break down the task into manageable steps.\n\n3. Task-specific instructions: For
certain tasks, task-specific instructions can be provided to guide the model in
decomposing the task. For example, for writing a novel, the instruction "Write a
story outline" can be given to help the model break down the task into smaller
components.\n\n4. Human inputs: In some cases, human inputs can be used to
assist in task decomposition. Humans can provide insights, expertise, and domain
knowledge to help break down complex tasks into smaller subtasks.\n\nThese
approaches aim to simplify complex tasks and enable more effective problem-solving
and planning.')
```

在此，我们已经展示了如何将应用程序逻辑融入以包含历史输出。然而，目前我们仍在手动更新聊天历史，并将其插入到每个输入中。在实际的问答应用程序中，我们需要一种方法来持久化聊天历史，并自动将其插入和更新到每个输入中。这种方法将大大提高问答系统的自动化程度和用户体验。

为此，我们可以使用如下方式。

- BaseChatMessageHistory。存储聊天历史记录。
- RunnableWithMessageHistory。对 LCEL 链和 BaseChatMessageHistory 进行封装，将聊天历史记录注入输入并在每次调用后更新它的包装器。

4.8　小结

本章全面介绍了 LangChain 及其组件、LCEL 环境以及如何通过 LangChain 实现 AI Agent 和 RAG 应用程序开发。从基础组件的描述、AI Agent 的集成应用，到具体的应用案例分析，这些文件涵盖了 LangChain 生态系统的多个方面。它们不仅提供了关于 LangChain 如何增强 NLP 和 AI 应用程序开发的深入理解，还展示了通过实际案例如何将理论应用到实践中，为开发者提供了一套完整的工具和方法论来探索和实现基于 LangChain 的项目。

通过深入学习和使用 LangChain 及其相关组件，未来展望呈现了一片广阔的天地。随着技术的不断进步，我们可以预见到 LangChain 在 NLP 和 AI 领域将扮演更加重要的角色，尤其是在提升 AI Agent 的能力、优化 NLP 应用程序以及加速人机交互进程方面。未来，LangChain 可能会引入更多创新的算法和模型，进一步简化开发流程，使非专业人士也能轻松构建复杂的 NLP 应用程序。此外，随着社区的不断壮大，我们还将看到更多基于 LangChain 的开源项目和商业应用诞生，这将极大地促进知识共享和技术创新。在这样一个快速发展的生态系统中，LangChain 及其组件无疑将成为推动未来语言技术发展的重要力量。

第 5 章

生成式 AI 开源应用案例

本章将分析几个业内比较有代表性的开源代码，以便读者可以将前面学习的知识应用到真实的场景中。

5.1 文本转博客

随着信息时代的快速发展，人们面临的信息量庞大，从而带来了信息过载的问题。本案例的目标是构建一个文本转博客系统（流程见图 5-1），通过输入文本或链接，自动获取信息，生成相应摘要，并以语音的形式呈现给用户。这将极大地方便那些需要高效获取信息的用户。

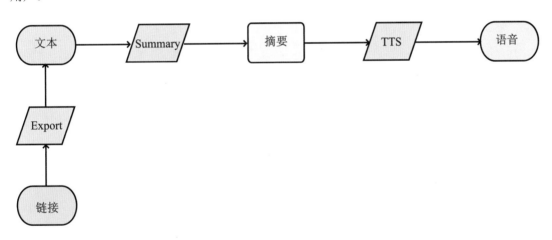

图 5-1　文本转博客系统流程

5.1.1 核心技术

本章介绍的核心技术包含链接转文本、自动摘要生成和自动语音合成。前后端所用到的技术要点如图 5-2 所示。

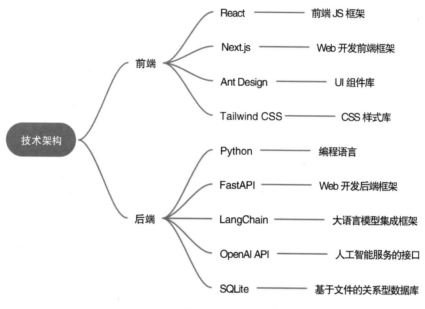

图 5-2 前后端涉及的技术要点

1. 链接转文本

在系统中，我们需要处理两种输入方式，即文本输入和链接输入。对于文本输入，直接处理即可；对于链接输入，需要进行网页爬取以获取相关文本。

通过这项技术，我们可以自动化地从指定的 URL 中提取出所需的文本内容，极大地提高了信息处理的效率和准确性。接下来，将详细介绍如何使用一个具体的 Python 示例代码实现从 URL 到文本的转换。

在这里，我们使用了两个重要的工具——AsyncHtmlLoader 和 Html2TextTransformer，这两个都是 langchain_community 库的一部分，专门用于异步加载网页内容以及将 HTML 内容转换为文本。示例代码如下。

```Python
from langchain_community.document_loaders import AsyncHtmlLoader
from langchain_community.document_transformers import Html2TextTransformer

def extract_text_from_url(urls):
    loader = AsyncHtmlLoader(urls)
    docs = loader.load()
    html2text = Html2TextTransformer()
    docs_transformed = html2text.transform_documents(docs)
    return [doc.page_content for doc in docs_transformed][0]
```

具体执行步骤如下。

第 1 步，初始化异步加载器。创建一个 AsyncHtmlLoader 实例，传入目标 URL 列表。这个加载器负责向指定的 URL 发送请求并获取响应内容。

第 2 步，加载文档。通过调用 load 方法，加载器会异步获取每个 URL 的 HTML 内容，这些内容会被存储在 docs 变量中。

第 3 步，初始化 HTML 到文本的转换器。创建 Html2TextTransformer 实例。此转换器用于处理 HTML 文档，提取其中的纯文本信息。

第 4 步，转换文档。通过 transform_documents 方法将上一步获取的 HTML 文档转换为纯文本。这一步骤将移除 HTML 标签，只留下可读的文本内容。

第 5 步，提取并返回文本。遍历转换后的文档集合，提取每个文档的 page_content 属性，其中包含转换后的文本内容。函数返回第 1 个文档的文本内容。

通过上述示例代码不难看出，链接转文本技术不仅能够提高信息提取的效率，而且能够以结构化的方式处理和分析网络上的海量数据。

2. 自动生成摘要

接下来实现自动生成播客的摘要功能。这里使用了 OpenAI 的 GPT-3.5 模型，通过 langchain_openai 库来调用。主要步骤如下。

第 1 步，导入必要的包。包括用于处理 JSON、时间记录、与 OpenAI 交互以及加载配置和日志记录功能的模块。

第 2 步，加载配置和初始化日志。获取应用所需的配置信息，并设置日志记录器。

第 3 步，定义任务提示。sys_prompt 变量中存储了一段文本，其中描述了生成摘要的任务要求，要求输出格式为 JSON。

第 4 步，实现生成摘要的函数。

- 限制内容长度。如果用户上传的内容超过 3000 个单词将会被截断。
- 初始化聊天模型。创建一个 ChatOpenAI 实例，配置好模型名称、API 密钥等参数，并设定输出格式为 JSON 对象。
- 构建并发送消息。包括系统消息（任务说明）和用户消息（播客内容），然后调用模型。
- 处理响应。记录模型生成的摘要及处理时间，最后将结果转换为 Python 字典并返回。

自动生成播客的摘要功能的示例代码如下。

```Python
import json
import time
from langchain_openai import ChatOpenAI
from langchain.schema import HumanMessage, SystemMessage
from util.conf import get_conf
from util.log import get_logger


conf = get_conf()
logger = get_logger("app.summary")
sys_prompt = """
You are a professional podcaster, and you will organize podcast for users.
Summarize the context user uploaded
    - You should use the original language of context to output the summary

    # Context
```

```
{user_podcast}

# Json
- title: title of the podcast
- summary: Usually its length is around 1/4~1/3 of its original content
length. It should not be too short or too long!
- tags: categorize the type of content, less than 5 tags.

Please respond in json:

{
    "title": "",
    "tags": [],
    "summary": ""
}
"""


def gen_podcast(context):
    # number of words should be less than 3000
    words = context.split()
    if len(context) > 3000:
        context = " ".join(words[:3000])

    chat_model = ChatOpenAI(
        model_name="gpt-3.5-turbo-1106",
        OPENAI_API_KEY=conf["openai"]["api_key"],
        temperature=0.1,
        request_timeout=300,
    ).bind(response_format={"type": "json_object"})

    messages = [
        SystemMessage(content=sys_prompt),
        HumanMessage(content=context)
    ]

    start = time.time()
    model_res = chat_model.invoke(messages).content
    logger.info(model_res)
    logger.info(f"cost: {time.time() - start}")
    return json.loads(model_res)
```

3. 自动语音合成

接下来完成自动语音合成功能。如下代码定义了一个 gen_tts 函数，使用 OpenAI 的 API 生成文本到语音的转换。首先，它读取配置文件来获取 API 密钥，然后通过提供的文本创建一个语音文件（MP3 格式），最后将该文件保存在 ./data 目录下，文件名为随机生成的 UUID。

```Python
from uuid import uuid4
from openai import OpenAI
from util.conf import get_conf

conf = get_conf()
client = OpenAI(api_key=conf["openai"]["api_key"])

def gen_tts(text):
  response = client.audio.speech.create(
      model="tts-1",
      voice="nova",
      input=text
  )
  save_path = f"./data/{str(uuid4())}.mp3"
  response.stream_to_file(save_path)
  return save_path
```

5.1.2 应用与部署

1. 项目代码

本章介绍的项目已经在 Github 网站开源，可以直接克隆代码，也可以在网页上对 DEMO 进行预览。示例代码如下。

```Python
git clone https://github.com/open-v2ai/podcast-ai.git

cd podcast-ai
```

2. 使用 Docker 运行

使用 Docker 运行的示例代码如下。

```Shell
# run backend
cd backend

vim ./conf/default.yaml
# write

docker build -t podcast-ai-backend .
docker run -d --name podcast-ai-backend \
-v $PWD/conf/:/app/conf/ \
-v $PWD/data/:/app/data/ \
-p 9999:9999 podcast-ai-backend
```

```
docker logs -f podcast-ai-backend

# run frontend(open another terminal)
cd frontend

docker build -t podcast-ai-frontend .
docker run -d --name podcast-ai-frontend \
-p 3000:3000 podcast-ai-frontend

docker logs -f podcast-ai-frontend
# open http://127.0.0.1:3000
```

本节展示了如何利用现有的技术和工具构建一个信息处理系统，以满足用户在信息时代高效获取信息的需求。这也反映了技术在解决现实问题中的应用和创新。希望这个案例能够为开发类似应用或者深入理解相关技术的人们提供一些有价值的参考。

5.2　智能填表 QuickFill

QuickFill 是一个综合使用生成式 AI 的实用性项目，可以作为实用案例来加深读者对之前所学知识的理解。具体而言，QuickFill 是一个帮助使用者快速填写表单的系统。使用者只须将包含个人信息的图像和表单图像上传到对应的位置，网站就可以自动识别内容并填写表单，最后生成一个 PDF 文件。

整个项目主要利用 GPT-4 Vision 和 AWS OCR 技术从提供的图像中提取信息并准确填写表单。但是目前本系统只支持英语，因为 AWS TextExtractor 接口只支持英文识别。

5.2.1　页面介绍

在本地运行项目后，出现的主界面如图 5-3 所示。

图 5-3　QuickFill 主界面

在上传图像后，界面会显示出上传的图像，如图 5-4 所示。

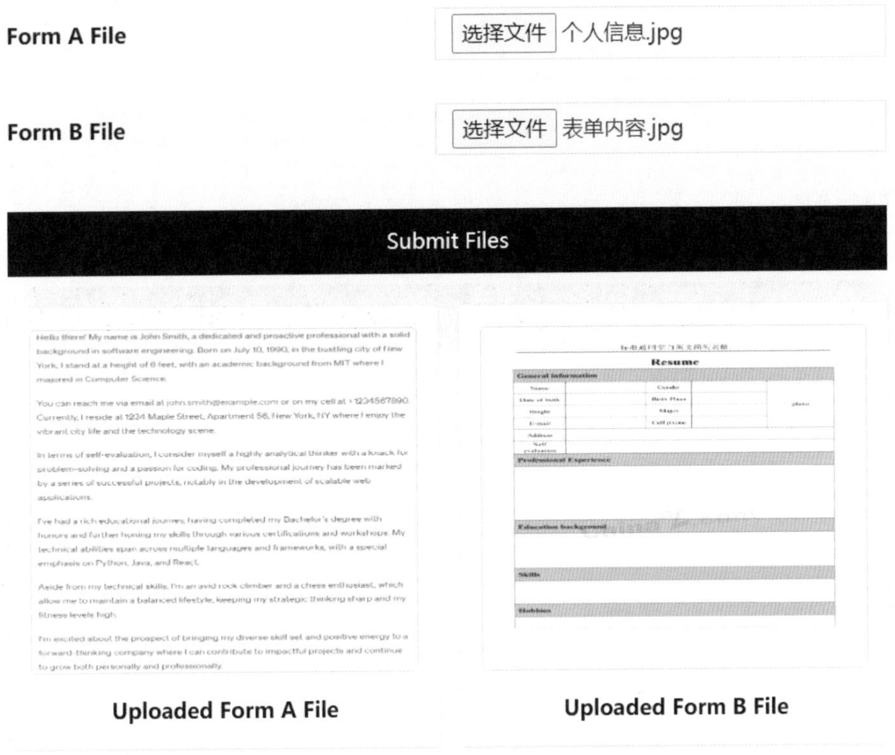

图 5-4 输入图像后的界面

之后就可以进行表格填写生成。

5.2.2 用户使用指南

项目的部署过程可参见 5.2.3 节。在将项目安装到本地后，可以按照以下步骤启动。

第 1 步，启动项目后端。进入项目目录后，在项目目录下运行以下代码启动后端程序。

```Shell
sh run.sh
```

第 2 步，启动项目前端。进入项目的前端文件夹，然后按照如下代码启动运行脚本。

```Shell
cd frontend
python3 -m http.server
```

第 3 步，进入浏览器运行项目。在浏览器的地址栏中输入 http://localhost:8000 即可查看本项目。

第 4 步，输入信息和表单内容。用户可以在 Form A File 栏单击"选择文件"按钮，上传包含个人信息的图像；在 Form B File 栏单击"选择文件"按钮，上传初始表单的图像。

第5步，生成填写后的表单。单击图5-5中的"Submit Files"按钮，就可以生成PDF文件。

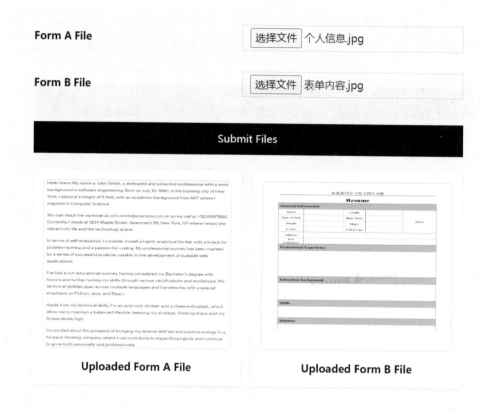

图 5-5　生成填写后的表单

5.2.3　部署项目

项目的具体部署步骤如下。

1. 拉取项目

由于该项目没有部署到服务器，因此用户需要在本地运行该项目。首先将项目拉取到本地，可以通过以下两种方法实现。

方法一，克隆仓库到本地。示例代码如下。

```Shell
git clone https://github.com/oyzh888/quickfill.git
```

方法二，下载压缩包到本地。首先进入项目的仓库地址（https://github.com/oyzh888/quickfill/tree/main），之后按照图5-6所示，单击"Code"→"Download ZIP"超链接即可将项目压缩包下载到本地。

图 5-6　项目仓库界面

2. 配置环境

用户需要为该项目创建一个独立的虚拟环境。创建并进入虚拟环境的示例代码如下。

```Shell
conda create -n quickfill python=3.8
conda activate quickfill
```

项目为使用者提供了简便的部署方案，可以快速安装项目所需依赖。首先在终端进入项目的文件夹，然后安装 requirements.txt 中所包含的依赖包。示例代码如下。

```Shell
cd quickfill
pip install -r requirements.txt
```

当然，国内的用户可能会遇到一些依赖包下载过慢而导致失败的问题，此时可以采用从国内镜像源下载的方式来避免这个问题。具体的操作方式就是将相关镜像源加入 anaconda 的检索路径中。相关代码如下。

```Shell
conda config --add channels https://mirrors.tuna.tsinghua.edu.cn/anaconda/pkgs/
main
conda config --add channels https://mirrors.tuna.tsinghua.edu.cn/anaconda/pkgs/
free
conda config --add channels https://mirrors.tuna.tsinghua.edu.cn/anaconda/pkgs/r
conda config --add channels https://mirrors.tuna.tsinghua.edu.cn/anaconda/pkgs/pro
conda config --add channels https://mirrors.tuna.tsinghua.edu.cn/anaconda/pkgs/
msys2
```

需要注意的是，本项目默认用户已经安装过生成式 AI 的一些常用依赖。如果安装完依赖后，项目依然无法运行，可以根据报错提示来补充缺少的依赖包。例如下面的示例。

```Shell
# 报错示例
ImportError: No module named openai
# 添加依赖
pip install openai
```

3. 配置 API 凭证

在本项目中，主要功能模块使用了 GPT-4 Vision 和 AWS OCR 服务。其中，GPT-4 Vision 用于高级图像处理和理解；AWS OCR 用于光学字符识别，以准确提取图像中的文本。所以，需要配置对应的 API 凭证，以启用对应的服务。

4. OpenAI 凭证

为了使用 GPT-4 Vision 服务，需要配置相关的 OpenAI 凭证，具体操作步骤如下。

第 1 步，进入 OpenAI 官网的 API keys 界面，单击 "Create new secret key" 超链接进行申请，如图 5-7 所示。

图 5-7 OpenAI 官网的 API keys 界面

第 2 步，创建新的密钥。在图 5-8 所示界面中，命名申请的 secret key，完成后单击 "Create secret key" 按钮。

第 3 步，保存密钥。如图 5-9 所示，为了保护隐私，OpenAI 规定只有在创建密钥时可以查看具体的内容，所以务必在此时单击 "Copy" 按钮，保存密钥并将其记录，然后单击 "Done" 按钮以完成申请。

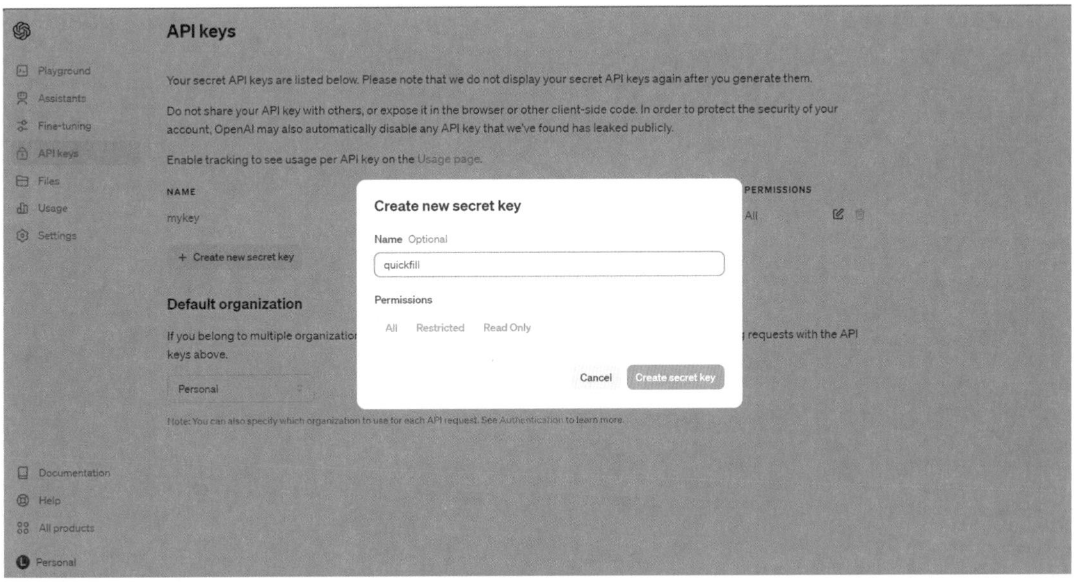

图 5-8 创建新的密钥

图 5-9 保存密钥

第 4 步，进入项目文件，添加密钥到项目中，GPT-4 Vision 服务即可正常使用。示例代码如下。

```Python
import openai
openai.api_key= "sk-0Wu...UWP" #这里填写在第 3 步中复制的 API key
```

5. AWS 凭证

为了使用 AWS OCR 服务，需要对 AWS 相关凭证进行配置。具体操作步骤如下。

第 1 步，进入 AWS 官网的"个人信息"→"安全凭证"页面，进行安全凭证的申请。只须单击"创建访问密钥"按钮即可进行新密钥的创建，如图 5-10 所示。

图 5-10　创建 AWS 的访问密钥

第 2 步，保存密钥。和 OpenAI 的设置一样，为了用户的隐私安全性，AWS 也只能在申请时保存密钥的访问 ID 和访问密钥。具体步骤与 OpenAI 相似，在此不进行逐步介绍。

第 3 步，在项目运行环境中配置 AWS 凭证。示例代码如下。

```Shell
Shell
pip install boto3
pip install awscli
aws configure


# 输入"aws configure"命令后，命令行会出现内容，此时复制第 2 步生成的 ID 及密钥即可
AWS Access Key ID [*****************NFDV]: xxx
AWS Secret Access Key [*****************rfuL]: xxx
Default region name [us-east-1]:
Default output format [json]:
```

需要注意的是，如果内容不需要改变，直接按 Enter 键即可。

5.3　使用 Transformer 处理多模态大语言模型

Qwen-VL 是阿里云研发的大规模视觉语言模型（Large Vision Language Model，LVLM）。Qwen-VL 可以以图像、文本、检测框作为输入，并以文本和检测框作为输出。Qwen-VL 系列模型的特点如下。

- 强大的性能。在四大类多模态任务的标准英文测评中（如 Zero-shot Captioning、VQA、DocVQA、Grounding），均取得同等通用模型大小情况下的最好效果。
- 多语言对话模型。天然支持英文、中文等多语言对话，端到端支持图像里中英双语的长文本识别。
- 多图交错对话。支持多图输入和比较、指定图像问答、多图文学创作等。
- 首个支持中文开放域定位的通用模型。通过中文开放域语言表达进行检测框标注。
- 细粒度识别和理解。相比于目前其他开源 LVLM 使用的 224 分辨率，Qwen-VL 是首个开源的 448 分辨率的 LVLM。提高分辨率可以提升细粒度的文字识别、文档问答和检测框标注。

5.3.1 配置教程

具体的配置步骤如下。

第 1 步，拉取 Qwen-VL 项目的仓库至本地。示例代码如下。

```Shell
git clone https://github.com/QwenLM/Qwen-VL.git
```

第 2 步，创建项目所属的虚拟环境。本项目的环境要求为 Python 3.8 及以上，PyTorch 1.12 及以上版本，推荐 2.0 及以上版本，CUDA 11.4 及以上（GPU 用户需考虑此选项）。示例代码如下。

```Shell
conda create -n qwenvl python=3.8
conda activate qwenvl
pip install torch==1.13.0+cu116 torchvision==0.14.0+cu116 torchaudio==0.13.0
--extra-index-url https://download.pytorch.org/whl/cu116
```

第 3 步，配置项目所需环境。由于 Qwen-VL 项目已经将所需配置列入 requirements.txt 文件中，因此用户可以使用以下代码快速配置。

```Shell
cd Qwen-VL
pip install -r requirements.txt
```

第 4 步，采用预训练模型。为了采用已经训练好的预训练模型进行测试，用户需要连接 Hugging Face，再从其中下载 Qwen-VL 的预训练模型，相关的示例代码会在 5.3.2 节展示。但是，一些用户可能会遇到无法连接到 Hugging Face 的情况，这可能是因为 urllib3 库的版本升级后，识别"https"前缀网址的部分不能兼容。因此，可以使用如下代码降低 urllib3 库的等级，以正确连接 Hugging Face。

```Shell
pip install urllib3==1.25.11
```

5.3.2 使用 Transformer

1. 运行示例

使用 Transformer 的示例代码如下。

```Python
from transformers import AutoModelForCausalLM, AutoTokenizer
from transformers.generation import GenerationConfig
import torch
torch.manual_seed(1234)

# Note: The default behavior now has injection attack prevention off
```

```
tokenizer = AutoTokenizer.from_pretrained("Qwen/Qwen-VL-Chat", trust_remote_
code=True)

# use bf16
# model = AutoModelForCausalLM.from_pretrained("Qwen/Qwen-VL-Chat", device_
map="auto", trust_remote_code=True, bf16=True).eval()
# use fp16
# model = AutoModelForCausalLM.from_pretrained("Qwen/Qwen-VL-Chat", device_
map="auto", trust_remote_code=True, fp16=True).eval()
# use cpu only
# model = AutoModelForCausalLM.from_pretrained("Qwen/Qwen-VL-Chat", device_
map="cpu", trust_remote_code=True).eval()
# use cuda device
model = AutoModelForCausalLM.from_pretrained("Qwen/Qwen-VL-Chat", device_
map="cuda", trust_remote_code=True).eval()

# Specify hyperparameters for generation
model.generation_config = GenerationConfig.from_pretrained("Qwen/Qwen-VL-Chat",
trust_remote_code=True)

# 1st dialogue turn
query = tokenizer.from_list_format([
    {'image': './assets/imgs/picture.jpg'}, # Either a local path or an url
    {'text': '描述画面内容。'},
])
response, history = model.chat(tokenizer, query=query, history=None)
print(response)
# 图中是两个美术生画的同一个人物，画面上是一个身穿红色衣服的女学生坐在椅子上。左边的画面
中，女学生穿着红色衣服、黑色裤子、红色鞋子，坐在靠墙的椅子上，将身体靠在椅背上，将左手放在椅子
上，右手放在身边。右边的画面是该学生坐在椅子上的线稿图


# 2nd dialogue turn
response, history = model.chat(tokenizer, '框出图中的真人', history=history)
print(response)
# <ref>真人</ref><box>(21,29),(526,837)</box>
image = tokenizer.draw_bbox_on_latest_picture(response, history)
if image:
image.save('1.jpg')
else:
print("no box")
```

运行上述代码，输出的注释如下。

```Python
# 图中是两个美术生画的同一个人物，画面上是一个身穿红色衣服的女学生坐在椅子上。左边的画面
中，女学生穿着红色衣服、黑色裤子、红色鞋子，坐在靠墙的椅子上，将身体靠在椅背上，将左手放在椅子
上，右手放在身边。右边的画面是该学生坐在椅子上的线稿图
# <ref>真人</ref><box>(21,29),(526,837)</box>
```

示例代码中使用的初始图像如图 5-11 所示，生成的图像如图 5-12 所示。

图 5-11　示例代码中使用的初始图像　　　　　　图 5-12　生成的图像

可以看到，Qwen-VL 可以很好地理解中文问题，并对提出的问题做出正确、合理的回答。

2.3 种不同的预训练模型

在大语言模型领域，预训练模型扮演着至关重要的角色。一旦模型在预训练阶段学习了语言的基本规则和模式，它就可以通过少量的任务特定数据进行微调，以适应特定的应用场景。这种方法极大地提高了模型的适用性和灵活性，减少了对大量标记数据的依赖，同时也降低了训练成本。

在上面给出的运行示例中，可以看到一个函数名称多次出现，那就是 from_pretrained。在代码段中，from_pretrained 函数的作用是为当前程序导入预训练模型，供使用者调用。虽然它们的名字一样，但它们却是 3 个不同的函数，接下来分析每个 from_pretrained 函数的具体作用。

1）分词器

第 1 次出现时，使用 AutoTokenizer.from_pretrained 方法加载一个预训练好的分词器，其作用是初始化并加载与 Qwen/Qwen-VL-Chat 模型相关联的分词器，它将用于文本的预处理步骤，确保输入格式与模型训练时的格式一致。这是准备模型进行推理或继续训练前的一个关键步骤。函数的参数列表如下。

```Python
def from_pretrained(cls, pretrained_model_name_or_path, *inputs, **kwargs):
```

可以看到，必须输入的参数就是需要加载的预训练模型名称或者路径。当然，函数也准备了其他可选参数，便于用户灵活地调整导入方式，如 cache_dir（缓存目录位置）、force_download（是否强制重新下载）、resume_download（是否删除未完全下载的安装包）等。如果遇到网络不佳或下载中断的情况，可以尝试调整这些参数来避免资源的重复下载。

2）预训练模型

第 2 次出现时，使用 AutoModelForCausalLM.from_pretrained 方法加载了一个预训练的因果语言模型，并通过 .eval 函数将其置于评估模式，这样就可以使用该模型进行文本生成或者其他评估任务。这里的 model 是一个模型对象，它包含了网络结构和预训练权重，但直到这一步，并没有配置模型生成文本时的行为。函数的参数列表如下。

```Python
def from_pretrained(cls, pretrained_model_name_or_path, *model_args,
**kwargs):
    config = kwargs.pop("config", None)
    trust_remote_code = kwargs.pop("trust_remote_code", None)
    kwargs["_from_auto"] = True
    hub_kwargs_names = [
        "cache_dir",
        "code_revision",
        "force_download",
        "local_files_only",
        "proxies",
        "resume_download",
        "revision",
        "subfolder",
        "use_auth_token",
        "token",
    ]
```

3）模型配置文件

第 3 次出现时，使用 GenerationConfig.from_pretrained 加载了与模型相关的文本生成配置。GenerationConfig 可能包含了如生成文本的最大长度、多样性参数、温度等控制生成过程的参数。通过将这个配置对象赋值给 model.generation_config 属性，可以定制模型生成文本的具体行为。函数的参数列表如下。

```Python
def from_pretrained(
  cls,
  pretrained_model_name: Union[str, os.PathLike],
  config_file_name: Optional[Union[str, os.PathLike]] = None,
  cache_dir: Optional[Union[str, os.PathLike]] = None,
  force_download: bool = False,
  local_files_only: bool = False,
  token: Optional[Union[str, bool]] = None,
  revision: str = "main",
  **kwargs,
) -> "GenerationConfig":
```

4）分离加载的好处

这种分离配置的设计允许用户在不改变模型本身的情况下灵活地调整生成文本的行为，也能根据不同的应用场景灵活地调整分词策略。这样，如果用户想要尝试不同的生成策略，只须更改 generation_config、AutoTokenizer，而不是重新加载整个模型。这提供了更快速的实验迭代，因为配置通常远小于模型本身，更改配置并不涉及复杂的计算。

5）加载的基本流程

当然，通过阅读函数实现的具体方式可以发现，各种不同的加载函数，其中的主要逻辑都是相似的。下面通过其中一个 from_pretrained 函数来简单说明。具体操作步骤如下。

第 1 步，处理授权 Token。这一步是为了处理有授权 Token 的情况，兼容不同的设备和使用场景，采用了多重判断来兼容不同版本的参数传递方式。示例代码如下。

```Python
token = hub_kwargs.pop("token", None)
use_auth_token = hub_kwargs.pop("use_auth_token", None)
if use_auth_token is not None:
    warnings.warn(
        "The `use_auth_token` argument is deprecated and will be removed in v5
of Transformers.", FutureWarning
    )
    if token is not None:
        raise ValueError(
            "`token` and `use_auth_token` are both specified. Please set only the
argument `token`."
        )
    token = use_auth_token

if token is not None:
    hub_kwargs["token"] = token
```

第 2 步，处理配置对象和配置参数。这一步判断是否提供了配置对象，如果没有，则从预训练模型名称或路径中加载配置。这个过程会调用 AutoConfig.from_pretrained 方法，并根据配置对象获取模型类别和相关参数。示例代码如下。

```Python
if not isinstance(config, PretrainedConfig):
    kwargs_orig = copy.deepcopy(kwargs)
    # ensure not to pollute the config object with torch_dtype="auto" - since
it's
    # meaningless in the context of the config object - torch.dtype values are
acceptable
    if kwargs.get("torch_dtype", None) == "auto":
        _ = kwargs.pop("torch_dtype")
    # to not overwrite the quantization_config if config has a quantization_config
    if kwargs.get("quantization_config", None) is not None:
        _ = kwargs.pop("quantization_config")

    config, kwargs = AutoConfig.from_pretrained(
        pretrained_model_name_or_path,
        return_unused_kwargs=True,
        trust_remote_code=trust_remote_code,
        **hub_kwargs,
        **kwargs,
    )
```

```
    # if torch_dtype=auto was passed here, ensure to pass it on
    if kwargs_orig.get("torch_dtype", None) == "auto":
        kwargs["torch_dtype"] = "auto"
    if kwargs_orig.get("quantization_config", None) is not None:
        kwargs["quantization_config"] = kwargs_orig["quantization_config"]
```

第3步，确定模型加载方式。这一步是确定模型加载的方式，即是否通过 Hub 远程加载模型或者本地加载。根据配置对象的属性和参数，以及用户是否信任远程代码，来决定加载模型的方式。示例代码如下。

```Python
has_remote_code = hasattr(config, "auto_map") and cls.__name__ in config.auto_
map
has_local_code = type(config) in cls._model_mapping.keys()
trust_remote_code = resolve_trust_remote_code(
    trust_remote_code, pretrained_model_name_or_path, has_local_code, has_
remote_code
)
```

第4步，加载模型类并返回实例。这是实现功能的最重要的步骤，根据前面步骤的结果，确定最终加载模型的类别和参数，并返回实例化的模型对象。具体来说，如果有远程代码并且信任远程代码，从动态模块加载模型类并返回实例；如果配置对象的类型在模型映射字典中，则直接从模型映射字典中获取模型类并返回实例。这样的判断也保证了能够符合绝大多数的模型存储模式。示例代码如下。

```Python
if has_remote_code and trust_remote_code:
    class_ref = config.auto_map[cls.__name__]
    model_class = get_class_from_dynamic_module(
        class_ref, pretrained_model_name_or_path, **hub_kwargs, **kwargs
    )
    _ = hub_kwargs.pop("code_revision", None)
    if os.path.isdir(pretrained_model_name_or_path):
        model_class.register_for_auto_class(cls.__name__)
    else:
        cls.register(config.__class__, model_class, exist_ok=True)
    return model_class.from_pretrained(
        pretrained_model_name_or_path, *model_args, config=config, **hub_kwargs,
**kwargs
    )
elif type(config) in cls._model_mapping.keys():
    model_class = _get_model_class(config, cls._model_mapping)
    return model_class.from_pretrained(
        pretrained_model_name_or_path, *model_args, config=config, **hub_kwargs,
**kwargs
    )
raise ValueError(
```

```
        f"Unrecognized configuration class {config.__class__} for this kind of
AutoModel: {cls.__name__}.\n"
        f"Model type should be one of {', '.join(c.__name__ for c in cls._model_
mapping.keys())}."
    )
```

3. 使用 fp16 和 bf16

1）理论介绍

在大型模型训练过程中，bf16 和 fp16 分别代表两种不同的数值精度格式。fp16（半精度浮点数）使用 16 位来表示浮点数，其中 1 位用于符号，5 位用于指数，10 位用于尾数。bf16（brain floating point）是一种 16 位的浮点格式，由 Google 提出，用 1 位表示符号，8 位表示指数，7 位表示尾数，它解决了 fp16 的数据范围较小的问题。它们的计算方式参考图 5-13 和图 5-14，相关原理如图 5-15 和图 5-16 所示。

$$(-1)^{\text{sign}} \times 2^{\text{exponent} -127} \times 1.\,\text{fraction} \ (\text{二进制}) \qquad (-1)^{\text{sign}} \times 2^{\text{exponent} -15} \times 1.\,\text{fraction} \ (\text{二进制})$$

图 5-13　bf16 的计算方法　　　　　　　　　　图 5-14　fp16 的计算方法

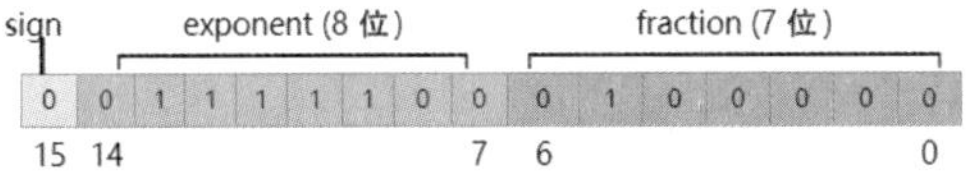

图 5-15　bf16 的原理示意图 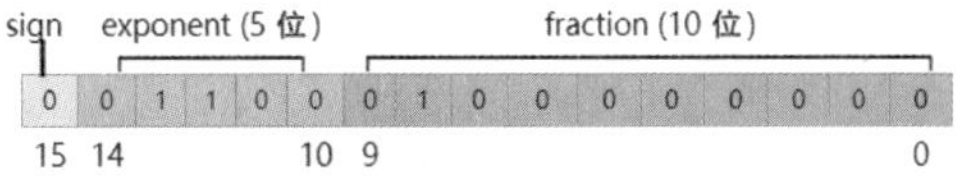　　　　　　　　　图 5-16　fp16 的原理示意图

从上述的原理介绍来看，采用 bf16 和 fp16 浮点格式在深度学习和高性能计算领域中，实现了对计算资源优化的有效策略。这两种数据表示形式通过减少浮点数所需的位宽，从而降低了对存储空间和内存带宽的需求。这种减少不仅显著提高了数据处理的效率，也优化了能源消耗，对于在有限的硬件资源条件下实现大规模数据处理尤为重要。

尽管 fp16 和 bf16 格式在节约内存、加速计算等方面为深度学习和高性能计算带来显著优势，但是它们也伴随着一些不可忽视的缺点。最主要的问题是精度损失：fp16 和 bf16 由于位宽减半，无法像 fp32 那样细致地表示浮点数，这在精度敏感的应用程序中可能导致结果的不准确或波动。此外，虽然这些格式可以显著加速计算，但并非所有硬件和软件框架都支持 fp16 和 bf16，这限制了它们的通用性。在没有专门优化的系统中，使用这些格式可能不会带来预期的性能提升。再者，对于某些特定的数值计算问题，如累积误差较大的场景，fp16 和 bf16 的使用需要更加谨慎，以避免误差的放大。因此，在选择使用这些浮点格式时，必须综合考虑应用场景的具体需求和可接受的精度损失，以确保既能充分利用其优势，又能避免潜在的问题。

通常 fp16 精度支持 V100、P100、T4 等显卡，bf16 则支持 A100、H100、RTX3060、RTX3070 等显卡。总的来说，bf16 是英伟达公司更加先进的混合精度方案。

2）代码演示

将前面给出的 demo 示例代码稍做修改，就可以查看效果。具体来说，这里使用 fp16 的数据格式进行演示。可以先注释掉如下代码。

```Python
# model = AutoModelForCausalLM.from_pretrained("Qwen/Qwen-VL-Chat", device_
map="cuda", trust_remote_code=True).eval()
```

同时修改为使用 fp16 格式的调用语句。

```Python
model = AutoModelForCausalLM.from_pretrained("Qwen/Qwen-VL-Chat", device_
map="auto", trust_remote_code=True, fp16=True).eval()
```

其余代码都不需要修改。再次运行代码，可以得到图 5-17 所示的图像。

图 5-17　使用 fp16 的示例代码的输出图像

从输出结果可以看出，使用 fp16 的数据精度和正常的数据精度相比，回答结果的大致内容是相似的，这也印证之前提到的，只要合理运用 fp16 的数据精度，就不会引起错误的结果，反而可以提高运算速度，减小运算内存。但是观察两个回答的区别，可以发现，使用正常数据精度的回答更加细致和贴切。因此，在实际训练大语言模型时，要结合硬件性能和训练精细程度，合理使用如 fp16、bf16 等减少运算复杂程度的操作。

4. 对话功能

在示例代码中，核心功能就是实现对话的交互，也就是代码中的 model.chat 函数。接下来结合代码来分析 chat 的具体实现。

第1步，构建对话上下文。这一步调用 make_context 函数，根据输入的查询、历史记录和系统信息构建对话上下文。该上下文包括初始文本和上下文 token 列表，便于计算机的理解和识别。示例代码如下。

```Python
raw_text, context_tokens = make_context(
  tokenizer,
  query,
  history=history,
  system=system,
  max_window_size=6144,
  chat_format=self.generation_config.chat_format)
```

在这段代码中，可以看到一些由用户调整的参数，如 max_window_size 和 chat_format。这些参数都可以影响最后结果的生成，如 max_window_size 规定了最大的对话窗口长度，在需要输出一些比较复杂的回答时，就可以用这个参数来限定最大回答长度。

第2步，获取停用词的标识。这一步调用 get_stop_words_ids 函数，根据聊天格式和分词器获取停用词的标识，虽然是比较简单的代码，但是对生成对话的质量有很大的提高。因为它可以过滤掉一些无意义的词语，从而提高模型对关键词语识别的准确程度。示例代码如下。

```Python
stop_words_ids = get_stop_words_ids(self.generation_config.chat_format,
tokenizer)
```

第3步，将上下文 token 列表转换为 PyTorch 张量并生成响应。这一步将上下文 token 列表转换为 PyTorch 张量，并将其发送到适当的设备上（通常是 GPU），并调用模型的 generate 方法，基于输入的上下文 token 列表生成响应。示例代码如下。

```Python
input_ids = torch.tensor([context_tokens]).to(self.device)
outputs = self.generate(
  input_ids,
  stop_words_ids=stop_words_ids,
  return_dict_in_generate=False,
)
```

第4步，解码生成的响应。这一步调用 decode_tokens 函数，根据生成的 token 序列解码出文本形式的响应。示例代码如下。

```Python
response = decode_tokens(
  outputs[0],
  tokenizer,
  raw_text_len=len(raw_text),
  context_length=len(context_tokens),
  chat_format=self.generation_config.chat_format,
  verbose=False,
)
```

verbose 参数通常用于控制函数或方法的输出信息的详细程度。当 verbose 设置为 True 时，函数或方法可能会输出更多的信息，以帮助用户了解其内部的工作流程或者提供额外的调试信息。而当 verbose 设置为 False 时，函数或方法通常会以更简洁的方式执行，不输出过多冗余的信息。一般在调试过程中会采取 True 参数，而使用时则会默认为 False。

第 5 步，更新历史记录并返回响应和更新后的历史记录。这一步根据参数 append_history 的值，决定是否将查询和响应添加到历史记录中，最后，返回一个字典，包含生成的响应和可能更新的历史记录。示例代码如下。

```Python
if append_history:
    history.append((query, response))
return {OutputKeys.RESPONSE: response, OutputKeys.HISTORY: history}
```

5. 量化

本节提供了一个基于 AutoGPTQ 的新解决方案，并发布了 Qwen-VL-Chat 的 Int4 量化模型——Qwen-VL-Chat-Int4。这一新模型在保持近乎无损的模型效果的同时，实现了对内存成本和推理速度的双重优化，显著提升了整体性能。接下来介绍量化的具体步骤。

第 1 步，安装运行所需的包。示例代码如下。

```Shell
pip install optimum
git clone https://github.com/JustinLin610/AutoGPTQ.git & cd AutoGPTQ
pip install -v .
```

第 2 步，运行示例。示例代码如下。

```Python
model = AutoModelForCausalLM.from_pretrained(
    "Qwen/Qwen-VL-Chat-Int4",
    device_map="auto",
    trust_remote_code=True
).eval()
# Either a local path or an url between <img></img> tags
image_path = './assets/imgs/picture.jpg'
response, history = model.chat(tokenizer, query=f'<img>{image_path}</img>描述
画面内容。', history=None)
print(response)
```

5.3.3　使用 ModelScope

在之前配置的基础上，需要为模型配置专门的 ModelScope 库。只须在项目运行环境中用 pip 指令安装即可。具体安装命令如下。

```Shell
pip install ModelScope
```

示例代码如下。

```Python
from modelscope import (
    snapshot_download, AutoModelForCausalLM, AutoTokenizer, GenerationConfig
)
import torch
model_id = 'qwen/Qwen-VL-Chat'
revision = 'v1.0.0'

model_dir = snapshot_download(model_id, revision=revision)
torch.manual_seed(1234)

tokenizer = AutoTokenizer.from_pretrained(model_dir, trust_remote_code=True)
if not hasattr(tokenizer, 'model_dir'):
    tokenizer.model_dir = model_dir
# use bf16
# model = AutoModelForCausalLM.from_pretrained(model_dir, device_map="auto",
trust_remote_code=True, bf16=True).eval()
# use fp16
model = AutoModelForCausalLM.from_pretrained(model_dir, device_map="auto",
trust_remote_code=True, fp16=True).eval()
# use cpu
# model = AutoModelForCausalLM.from_pretrained(model_dir, device_map="cpu",
trust_remote_code=True).eval()
# use auto
# model = AutoModelForCausalLM.from_pretrained(model_dir, device_map="auto",
trust_remote_code=True).eval()

# Specify hyperparameters for generation (No need to do this if you are using
transformers>=4.32.0)
# model.generation_config = GenerationConfig.from_pretrained(model_dir, trust_
remote_code=True)

# 1st dialogue turn
# Either a local path or an url between <img></img> tags
image_path = './assets/imgs/picture.jpg'
response, history = model.chat(tokenizer, query=f'<img>{image_path}</img>描述
这幅画 ', history=None)
print(response)
# 图中画了两幅画，一幅是真实生活中的女孩坐在椅子上的画面，另一幅是根据第一幅画绘制的线描画
# 图中是真实人物的写照，分别为线描画和色彩画两种形式
image = tokenizer.draw_bbox_on_latest_picture(response, history)
if image:
image.save('1.jpg')
else:
print("no box")
# no box
```

为了与 Transformer 模型进行对比，这里的 ModelScope 只运行了使用 fp16 的预训练模型。从回答结果来看，虽然两段代码在实现方面只有使用的框架存在差别，但是最后的回答结果还是有一定差异的。不过，由于在识别真人并生成图像时，ModelScope 并没有正确识别，因此它的性能比 Transformer 模型略差。

ModelScope 和 Transformer 模型的区别如下。

- Transformer 模型以英文为主，中文模型相对较少，适用于 NLP 以及部分视觉和语音任务，在很多任务上表现出色。虽然也有一些中文模型，但相对于英文模型数量较少。
- ModelScope 则可能更加注重中文领域的模型评估和比较，因为大部分模型名字都是中文。但是因为训练量不如 Transformer 模型，所以模型表现可能会较差。

5.4 3D 生成：Stable Diffusion 和 Generative Gaussian Splatting 方法

Stable Diffusion 的核心思想是通过渐进地将噪声注入输入图像中，逐步生成具有逼真细节的图像。相比于传统的生成对抗网络方法，Stable Diffusion 不需要在训练期间对抗性地优化生成器和判别器，从而更加稳定和易于训练。它已经在图像生成、修复、编辑等任务中取得了显著的成果，并被认为是一种非常有前景的生成模型方法。

DreamGaussian 是一种新型的 3D 内容生成框架，它采用了一种称为 3D 高斯点阵的模型。这一创新能够更快速地生成高质量的带纹理网格，并且只须短短的 2 分钟就能从单个视角图像生成完整的三维模型，比传统方法更高效。

5.4.1 配置流程

本节项目的硬件条件如下。

- Ubuntu 22 操作系统、PyTorch 1.12、CUDA 11.6、V100 GPU。
- Windows 10 操作系统、PyTorch 2.1、CUDA 12.1、3070 GPU。

在将项目下载到本地后，可以进入项目目录，为该项目配置运行环境。示例代码如下。

```Shell
cd dreamgaussian

pip install -r requirements.txt

# a modified gaussian splatting (+ depth, alpha rendering)
git clone --recursive https://github.com/ashawkey/diff-gaussian-rasterization
pip install ./diff-gaussian-rasterization

# simple-knn
pip install ./simple-knn

# nvdiffrast
pip install git+https://github.com/NVlabs/nvdiffrast/
```

```
# kiuikit
pip install git+https://github.com/ashawkey/kiuikit

# To use MVdream, also install:
pip install git+https://github.com/bytedance/MVDream

# To use ImageDream, also install:
pip install git+https://github.com/bytedance/ImageDream/#subdirectory=extern/
ImageDream
```

在安装官方环境配置后，尝试运行时可能会出现找不到某个配置文件的问题，具体的报错信息如下。

```Shell
glutil.h fatal error: EGL/egl.h: No such file or directory
```

这是因为计算机中没有安装一些依赖项，只须执行下面命令就可以解决该问题。

```Shell
sudo apt-get install libegl1-mesa-dev
```

5.4.2　运行示例

在配置项目环境后，就可以尝试运行这个项目了。该项目可以实现多种功能，包括 Image-to-3D、Text-to-3D 等。为了便于演示，这里以 Text-to-3D 为例进行示范。示例代码如下。

```Shell
### training gaussian stage
python main.py --config configs/text.yaml prompt="a photo of an icecream" save_
path=icecream

### training mesh stage
python main2.py --config configs/text.yaml prompt="a photo of an icecream" save_
path=icecream
```

可以看到，运行的示例代码中共有两条命令，分别是 training gaussian stage 和 training mesh stage。这是因为本项目在生成最终的 3D 模型时，为了提高图形的质量效果，将生成模型的部分分为生成基于点云的大致形状和生成带网格的 3D 模型两个步骤。如图 5-18 所示，第 1 个阶段主要负责根据提示，生成 3D 模型的大致轮廓；第 2 个阶段负责在第 1 个阶段生成模型的基础上，进一步精细化模型的外形和纹理，让模型看上去更加细致，纹理更加清晰。

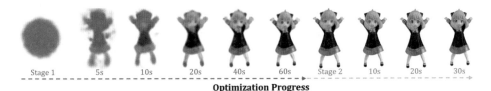

图 5-18　DreamGaussian 的流程示意

接下来依次运行上述的两条命令，但是可能会出现如下报错信息。

```Python
eglInitialize() failed Aborted (core dumped)
```

这是因为在 text.yaml 文件中，有一个隐含的参数叫作 force_cuda_rast=False，这个参数会让程序不在 GPU 上运行。因为我们提前配置好了 cuda 环境，所以为了让程序在 GPU 上运行，应该将参数设置为 force_cuda_rast=True。再次运行后就不会报错了。

在运行后，logs 文件夹下会出现对应的模型文件。将第 1 条命令运行生成的 icecream_mesh.obj、icecream_mesh.mtl 和 icecream_mesh_albedo.png 文件一起放入可以查看 3D 文件的查看器中，就可以看到图 5-19 所示的模型。

同理，将第 2 条命令运行生成的 icecream.obj、icecream.mtl 和 icecream_albedo.png 文件放入 3D 查看器中，就可以看到图 5-20 所示的模型。

图 5-19　gaussian 阶段生成的模型　　　　图 5-20　mesh 阶段生成的模型

对比图 5-19 和图 5-20 中的图像，可以很明显地发现，经过 mesh 阶段精细化处理的 icecream 模型，相比于只经过第 1 个阶段生成的模型，在细节和真实程度上有很明显的提升。

5.4.3　关键原理解释

1. 模型快速生成

生成式高斯喷溅是 DreamGaussian 方法的核心，其设计用于高效地初始化 3D 几何形状和外观。这一过程是通过将 3D Gaussian Splatting 适用于生成任务实现的。3D 高斯模型通过一组 3D 高斯来表示 3D 信息，每个高斯由中心位置、缩放因子、旋转四元数、不透明度值和颜色特征组成。通过将这些 3D 高斯投影到图像平面上，进行体积渲染来评估最终颜色和透明度，实现对场景的渲染。

网格提取算法旨在将生成的 3D 高斯转换为多边形网格，并进一步细化纹理。这一任务在之前未被探索过，DreamGaussian 提出了一种高效的算法从 3D 高斯中提取具有纹理的多边形网格。

首先，将 3D 空间划分为多个块，并对每个块内的 3D 高斯进行局部密度查询，以生成一个密集的 3D 密度网格。通过应用 Marching Cubes 算法从密度网格中提取网格表面，随后进行简化和重网格化处理，以生成平滑的多边形网格。

利用已获取的网格几何信息，将渲染的 RGB 图像反投影到网格表面并作为纹理。这一过程通过选择多个视角渲染对应的 RGB 图像，并基于 UV 坐标将像素值反投影到纹理图像上完成。

这两个步骤结合起来，不仅实现了从 3D 高斯到多边形网格的转换，而且保证了生成的 3D 模型具有详细且逼真的纹理。生成式高斯喷溅和网格提取算法共同构成了 DreamGaussian 方法的核心，为 3D 内容的快速高效生成提供了强有力的技术支持。

2. 模型细化

在通过 3D 高斯分布生成 3D 模型的过程中，直接生成的结果往往在纹理上看起来比较模糊，缺乏细节。这主要是因为在 SDS（Score Distillation Sampling）优化过程中存在的歧义性，导致模型在未重建区域的密度化（densification）或已重建区域的修剪（pruning）上难以做出准确的调整。为了解决这个问题，UV 空间纹理细化阶段被设计出来，用于显式地细化模型的纹理，从而提高生成 3D 内容的质量。

该阶段采用一个多步骤的去噪过程来细化纹理图像。这一过程基于 2D 扩散模型，通过在粗糙纹理图像中加入随机噪声，然后逐步去除噪声来增强细节。细化后的纹理图像会有更好的细节表现，同时保持原有内容的完整性。

之后通过最小化细化后的纹理图像与初始粗糙的纹理图像之间的均方误差，对纹理图像进行优化。这一步骤确保了纹理细化过程中内容的一致性和细节的增强。

5.5 视频生成

5.5.1 简介

随着人工智能技术迅猛发展，特别是在自然语言处理和计算机视觉领域，取得了显著突破。视频生成技术正是基于这些进展，通过深度学习模型和大规模数据训练，实现了从文本到视频、图像到视频以及视频到视频的高质量生成。这一技术的发展不仅极大地提升了内容创作的效率，也为各行业的应用带来了新的可能性。

视频生成技术的应用场景十分广泛，包括以下几个方面。

- 娱乐和媒体行业。在电影和电视制作中，视频生成技术被广泛用于特效制作、虚拟角色创建以及背景渲染。例如，通过视频生成可以在现实无法实现的场景中创造出逼真的效果。此外，视频生成技术还应用于动画电影制作，为观众带来丰富多彩的视觉体验。
- 广告与营销。企业利用视频生成技术制作富有创意的广告，以吸引消费者的注意力。通过定制化的动画和互动视频，品牌可以更有效地传达产品信息和品牌故事，从而提升营销效果和用户参与度。
- 教育与培训。在教育领域，视频生成技术用于创建虚拟课堂、模拟实验和互动教学视频。这不仅丰富了教学内容，还提高了学习的趣味性和参与度。在企业培训中，通过模拟实际工作场景的视频，可以帮助员工更好地掌握新技能和应对实际工作中的挑战。
- 社交媒体与用户生成内容。随着社交媒体平台的发展，用户生成的视频内容变得越来越普遍。视频生成技术帮助用户轻松创建和编辑高质量的视频，从而分享他们的生活、兴趣和创意。这也推动了短视频平台如抖音和 Instagram 的流行。

视频生成技术的广泛应用不仅推动了各行业的发展和创新，还改变了人们的生活方式和交流方式。随着技术的不断进步，视频生成技术将在未来发挥更加重要的作用，带来更多令人期待的应用场景。

在当前视频生成技术的浪潮中，涌现出了许多出色的产品，其中 Sora、Pika 和 Vidu 是 3 个备受关注的代表性产品。它们各具特色，且应用广泛，下面将详细介绍。

Sora 是 OpenAI 开发的首个文本生成视频模型，它可以通过文本指令生成长达 60 秒的视频。Sora 使用扩散模型和类似 GPT 的变换器架构，能生成复杂场景和生动角色。它具备多镜头生成、从静态图像生成视频、模拟物理世界等核心能力。Sora 将对内容创作、影视制作、广告、游戏开发和教育等行业产生重大影响。

Pika Labs 的 AI 视频生成工具 Pika 旨在简化创建专业质量视频的过程。它支持包括 3D 动画、动漫、卡通和电影风格在内的多种视频样式。该平台允许用户从文本、图像和现有视频创建视频，提供直观的拖放界面，使没有丰富编辑经验的人也能轻松创建视频。

相关技术的主要特点如下。

- 文本转视频技术。将书面内容转换为视频，非常适合制作解释视频和教育教程。
- 图像集成。通过集成补充图像来增强视频。
- 可自定义模板。提供多种模板以确保品牌一致性。
- 可扩展性。能够同时处理多个视频的创建。
- 社区和可访问性。在 Discord 和网络平台上均可使用，增强了可访问性和社区参与度。

Pika Labs 还引入了动画口型同步和 AI 驱动的 3D 动画功能等高级功能。该平台得到了强大社区的支持，并获得了大量资金，凸显了其潜力和在 AI 视频创作领域的影响力。

Vidu 是北京生数科技有限公司联合清华大学发布的中国首个自研视频生成大模型。Vidu 采用 Diffusion 与 Transformer 融合的 U-VT 架构，支持一键生成长达 16 秒、1080P 的视频，具备高时空一致性和丰富的动态表现。Vidu 不仅能模拟真实物理世界，还能生成具有想象力的虚构场景，展现复杂镜头语言。相比于国际顶尖的 Sora，Vidu 在短时间内实现了突破，特别注重中国元素的呈现，未来发展潜力巨大。

5.5.2　视频生成的原理

随着人工智能技术的不断发展，视频生成技术经历了从生成对抗网络到扩散模型的演变。这些技术不仅提高了生成视频的质量，还扩大了视频生成的应用范围。

1. 从生成对抗网络到扩散模型

生成对抗网络是由 Ian Goodfellow 等人于 2014 年提出的一种深度学习模型，其核心思想是通过两个神经网络——生成器（generator）和判别器（discriminator）——之间的对抗训练来生成数据。生成器负责生成假数据，判别器则负责区分这些假数据与真实数据。通过这种对抗训练，生成器逐渐学会生成越来越逼真的数据。

1）生成对抗网络

在视频生成领域，生成对抗网络（GAN）凭借其强大的生成能力，广泛应用于视频帧生成、视频超分辨率、视频补全等任务。具体来说，视频生成 GAN 通常基于时空生成对抗网络，其生成器不仅生成单个帧，还需要生成帧与帧之间的时序关系，保证生成视频的连贯性。

GAN 在视频生成中的应用包括但不限于以下几个方面。

- 视频帧生成。利用 GAN 生成单个视频帧，然后将这些帧拼接成完整的视频。例如，VideoGAN 通过对抗训练生成高质量的视频帧，实现了从噪声到视频的转换。
- 视频超分辨率。通过 GAN 将低分辨率视频提升到高分辨率。典型的例子如 ESRGAN，通过生成器生成高清帧，并由判别器进行质量评估，从而生成高分辨率视频。
- 视频补全。利用 GAN 填补视频中的缺失部分。例如，利用生成对抗网络可以在缺失帧的地方生成逼真的内容，从而完成视频的修复。

尽管生成对抗网络在视频生成方面取得了显著成果，但其训练过程不稳定，容易出现模式崩溃（mode collapse）等问题，这促使研究者们探索新的生成模型。

2）扩散模型

扩散模型是一种基于概率模型的新型生成模型，通过逐步添加噪声和去噪过程生成数据。与生成对抗网络不同，扩散模型的生成过程更加稳定，避免了模式崩溃的问题。

扩散模型的基本思想是将数据逐步加上噪声，直到其变为纯噪声，然后通过一个去噪过程逐步还原数据。扩散模型的核心步骤如下。

- 噪声添加。在数据上逐步添加噪声，生成一系列逐渐模糊的数据。
- 去噪过程。通过一系列算法和模型，从含有噪声的数据中识别并减少噪声，最终生成高质量的数据。

在视频生成中，扩散模型展现了极大的潜力。例如，Video Diffusion Model 利用扩散过程生成视频，通过对视频帧进行逐步去噪，实现了从纯噪声到高质量视频的转换。

扩散模型在视频生成领域的优势主要体现在以下几个方面。

- 稳定的生成过程。相比于 GAN 的对抗训练，扩散模型的生成过程更加稳定，避免了 GAN 常见的训练不稳定性和模式崩溃问题。
- 高质量生成。通过逐步去噪，扩散模型可以生成更加逼真和连贯的视频内容。
- 多样性生成。扩散模型在生成多样性方面表现出色，能够生成各种风格和类型的视频，满足不同应用需求。

2. 其他先进视频生成技术

除了生成对抗网络和扩散模型，视频生成领域还涌现出了许多其他先进技术，如 VAE、时空卷积神经网络（spatio-temporal CNN）等。

- VAE。通过编码器将视频数据压缩成潜在空间，再通过解码器生成视频。VAE 在视频生成中的应用主要体现在视频预测和视频补全方面。
- 时空卷积神经网络。通过结合时间和空间维度的信息，生成更加连贯的视频内容。这类网络在视频帧生成和动作预测方面表现优异。

通过对生成对抗网络和扩散模型的详细分析，我们可以看到，视频生成技术正在不断发展和进步，这些技术不仅提升了视频生成的质量和效率，还为各种应用场景提供了新的可能性。在未来，随着更多新技术的引入，视频生成领域必将迎来更多突破和创新。

5.5.3 视频生成实践

接下来我们动手实现一个短剧生成的例子。通常整个过程分为 6 个步骤。其中，AI 会介入每个环节，以显著提高视频生成的生产力。

1. 确定创意

创意一般来自创作者，但是，当我们仅有一些简单的想法时，也可以利用 AI 帮助打开思路。例如下面的示例。

> **提示：**
> 我想要一些对人生、历史、宇宙的思考，且描述了自然风光、画面感强烈的诗词歌赋，只输出名称和作者，不少于 10 个。
> **输出：**
> 1.《将进酒》- 李白
> 2.《登高》- 杜甫
> 3.《望岳》- 杜甫
> 4.《春江花月夜》- 张若虚
> 5.《滕王阁序》- 王勃
> 6.《赤壁赋》- 苏轼
> 7.《秋风辞》- 刘彻
> 8.《蝶恋花·春景》- 苏轼
> 9.《庐山谣寄卢侍御虚舟》- 李白
> 10.《寻隐者不遇》- 贾岛

根据 AI 给出的结果，本次实践的创意来自苏轼的经典作品《赤壁赋》。这篇赋描绘了作者夜游赤壁的壮丽景象和感慨，充满了对历史的沉思和对自然的赞美。我们将通过短视频来呈现这段优美的文字，把《赤壁赋》中的画面感具象化，让观众如身临其境。

2. 编写剧本

剧本的编写是视频生成中的一个重要环节，剧本的好坏决定着最后成片的质量，这里我们推荐使用精心设计的提示，让 AI 生成剧本。

> **提示：**
> 请根据《赤壁赋》的内容，编写一个剧本，用于 AI 短剧生成。注意抓住画面感强烈的词句。
> **输出：**
> **标题：赤壁赋**
> **人物：** 苏轼（旁白）/ 朋友 / 渔父 / 客人
> **场景：** 赤壁之夜，月光如水，江面波光粼粼，山川寂静。
> **第一幕：江上夜游**
> （幕启，苏轼与朋友在船上泛舟，月光照耀在江面上，水波荡漾。）
> **旁白（苏轼）：** 壬戌之秋，七月既望，苏子与客泛舟游于赤壁之下。清风徐来，水波不兴。
> （朋友和苏轼对坐，轻声交谈。）
> **朋友：** 此非孟德之困于周郎者乎？
> **苏轼：** 况吾与子渔樵于江渚之上，侣鱼虾而友麋鹿，驾一叶之扁舟，举匏樽以相属。
> **旁白（苏轼）：** 举酒属客，诵明月之诗，歌窈窕之章。
> （两人举杯，共饮明月，背景音乐悠扬。）
> **第二幕：水中乐曲**
> （苏轼吹奏洞箫，箫声婉转，如泣如诉。）
> **旁白（苏轼）：** 少焉，月出于东山之上，徘徊于斗牛之间。白露横江，水光接天。纵一苇之所如，凌万顷之茫然。
> （镜头切换到江面，白露如霜，水天一色，船在水中轻轻摇曳。）

旁白（苏轼）：浩浩乎如冯虚御风，而不知其所止；飘飘乎如遗世独立，羽化而登仙。

（苏轼仰望星空，神情恬淡。）

第三幕：山水对话

（苏轼与朋友登上山丘，远眺江面，谈笑风生。）

朋友：哀吾生之须臾，羡长江之无穷。

苏轼：寄蜉蝣于天地，渺沧海之一粟。

（两人对望，心情豁然开朗。）

旁白（苏轼）：哀吾生之须臾，羡长江之无穷。

（镜头拉远，苏轼与朋友在月光下如影随形，仿佛天地间的两粒尘埃。）

……

鉴于 AI 给出的剧本比较复杂，作为一个案例过于复杂，这里我们仅将部分内容作为剧本，继续拆解。

3. 拆出分镜

如表 5-1 所示，我们将这篇赋的前一部分拆成两个大分镜、十几个小分镜。

表 5-1　《赤壁赋》镜头分镜

分镜	景别	运镜	场景描述	画面描述
1.1	全景	全景	壬戌之秋，七月既望	整个视频是中国古风视频的感觉，优美
1.2	中景	跟随移动	苏子与客泛舟游于赤壁之下	船在水面上慢慢滑行，有两个人
1.2.1	中景		这艘小船，客人与苏轼相对而坐，一面吹着洞箫，一面把酒言欢，畅聊天地，常手舞足蹈，逍遥快活	一个中景呈现出两个人
1.2.1.1	特写		这艘小船，客人与苏轼相对而坐	两人坐在船上，客人视角的苏轼叩击船舷，吟诗作赋模样
1.2.1.2	特写		这艘小船，客人与苏轼相对而坐	两人坐在船上，苏轼视角的客人在吹箫，有些忧伤的样子
1.2.2	全景		硕大的江面上，只有一艘小小的船在移动	夜晚赤壁之下，硕大的江面上，只有一艘小小的船在移动
1.3	特写	静态特写	清风徐来，水波不兴	
2.1	全景	静态特写	客曰：月明星稀	
2.2	全景	缓慢推进	乌鹊南飞	
2.3	特写	中景	此非曹孟德之诗乎	曹操的形象要出来
2.4	中景	静态特写	舳舻千里，旌旗蔽空	古代中国战争场景，镜头往前移动，随着镜头向前移动，更多的船出现在眼前，镜头位置不动，船向前航行，在视野中越来越大
2.5	特写	跟随移动	酾酒临江，横槊赋诗	体现枭雄的霸气感觉
2.6	全景	缓慢推进	固一世之雄也，而今安在哉	回到谈话场景
2.7	中景	跟随移动	寄蜉蝣于天地	非常魔幻的场景
2.8	全景	跟随移动	渺沧海之一粟	非常壮阔，大气

4. 文生图像

使用 AI 工具（如 DALL-E 或 Midjourney），根据提示生成对应的图像。每个提示输入一次，生成多幅图像供选择。

分镜 1.1 和分镜 1.2 的提示如下。

分镜 1.1：Ancient Chinese landscape under a moonlit sky, panoramic view, tranquil river under Chibi cliffs, ethereal beauty in the style of traditional Chinese painting.

分镜 1.2：Mid-shot, following motion, two men, boating slowly under the Chibi cliffs, moon reflecting softly on the gentle ripples of the river, traditional Chinese boat in serene waters. Ancient China.

生成的分镜如图 5-21 和图 5-22 所示。

图 5-21　分镜 1.1　　　　　　　　　　　图 5-22　分镜 1.2

分镜 2.3 和分镜 2.4 的提示如下。

分镜 2.3：A close-up still of the calm river surface under a gentle breeze, the water barely rippling, reflecting the peaceful night sky above. This shot captures the essence of tranquility in an ancient Chinese river setting.

分镜 2.4：A panoramic static close-up highlighting the phrase 'moon bright, stars few', with a beautifully illuminated moon and sparse stars over a traditional Chinese landscape, emphasizing the poetic isolation of the scene.

生成的分镜如图 5-23 和图 5-24 所示。

图 5-23　分镜 2.3　　　　　　　　　　　图 5-24　分镜 2.4

以下是一个文生图像的示例。

```Python
from diffusers import AutoPipelineForText2Image
import torch

pipeline = AutoPipelineForText2Image.from_pretrained(
        "runwayml/stable-diffusion-v1-5", torch_dtype=torch.float16,
variant="fp16"
).to("cuda")
generator = torch.Generator("cuda").manual_seed(31)
image = pipeline("Astronaut in a jungle, cold color palette, muted colors,
detailed, 8k", generator=generator).images[0]
image
```

运行上述代码，生成的图像如图 5-25 所示。

图 5-25　由文字生成的图像

5. 图生视频

利用 AI 动画工具（如 Pika），将生成的静态图像转换为动态视频片段。根据剧本设置不同的镜头效果，如推拉镜头、平移镜头等，使画面更有层次感。

以下是一个图生视频的示例。

```Python
import torch
from diffusers import I2VGenXLPipeline
from diffusers.utils import export_to_gif, load_image

pipeline = I2VGenXLPipeline.from_pretrained("ali-vilab/i2vgen-xl", torch_
dtype=torch.float16, variant="fp16")
pipeline.enable_model_cpu_offload()

image_url = "https://huggingface.co/datasets/diffusers/docs-images/resolve/
main/i2vgen_xl_images/img_0009.png"
image = load_image(image_url).convert("RGB")
```

```
prompt = "Papers were floating in the air on a table in the library"
negative_prompt = "Distorted, discontinuous, Ugly, blurry, low resolution,
motionless, static, disfigured, disconnected limbs, Ugly faces, incomplete arms"
generator = torch.manual_seed(8888)

frames = pipeline(
    prompt=prompt,
    image=image,
    num_inference_steps=50,
    negative_prompt=negative_prompt,
    guidance_scale=9.0,
    generator=generator
).frames[0]
export_to_gif(frames, "i2v.gif")
```

6. 后期剪辑

后期剪辑包括配音、背景音乐和剪辑等步骤。

- 配音。选择专业的配音演员，朗读《赤壁赋》中的文字。配音需要有感情，能够传达出苏轼的情感和氛围。
- 背景音乐。选用符合古典意境的音乐，如古筝、箫等传统乐器，烘托出古风氛围。
- 剪辑。使用视频剪辑软件（如 Adobe Premiere 或 Final Cut Pro），将各个视频片段和配音、背景音乐合成在一起。根据剧情需要，调整每个镜头的时长和过渡效果，使整个视频流畅自然。

最终，通过 AI 和后期制作，我们将苏轼的《赤壁赋》以一种全新的形式展现在观众面前，既保留了原文的文学美感，又通过视觉和听觉的结合，增强了作品的感染力和表现力。

5.5.4 视频优化

经过前面的流程，我们可以用 AI 生成一段视频，但是如果希望视频的效果更好，则需要对一些步骤进行优化。

1. 人脸修复

由于在生成画面时，经常会遇到人脸崩溃的问题，因此我们配置了人脸修复模型，以便二次修复不如人意的人脸内容，如图 5-26 所示。

图 5-26　人脸修复

2. 背景替换

部分生成图像的背景不符合需求，可以直接通过背景替换技术，把人物换到新的背景中，如图 5-27 所示。

图 5-27 背景替换

3. 超分辨率

如图 5-28 所示，部分图像由于生成后的细节不足，可使用超分辨率技术将本来模糊不清的图像变得细致高清。

图 5-28 超分辨率

经过上述各种方法的细致优化，就可以把生成的视频质量提升一个新的高度。

5.5.5 视频生成工具

前面介绍的各种视频生成实践方案，其实可以被整理成一个个工作流，例如可以借助 ComfyUI 实现。ComfyUI 是一个集成多种功能和工具的视频生成平台，旨在简化复杂的视频制作过程，为创作者提供高效、直观的工作流。

ComfyUI 的核心优势在于其模块化设计和用户友好的界面（见图 5-29）。通过将不同的视频生成任务分解成独立的模块，用户可以根据具体需求，自由组合和调整各个模块，以达到最佳的制作效果。例如，用户可以先选择一个视频模板模块，然后添加一个文本生成模块，再配合一个语音合成模块，从而快速生成一个完整的视频作品。

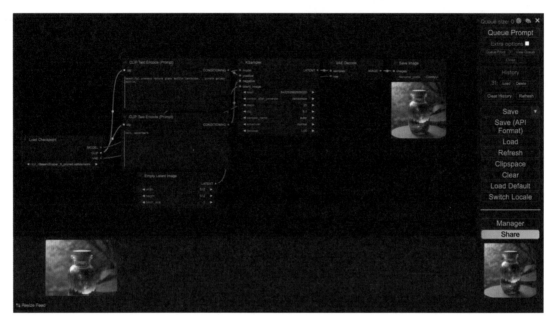

图 5-29　ComfyUI 界面

ComfyUI 支持使用如下所示的 JSON 格式的代码描述其"工作流"，例如图 5-29 所示的工作流可以表示成如下代码（此处仅展示了部分代码）。

```python
Python
{
"last_node_id": 9,
"last_link_id": 9,
"nodes": [
  {
    "id": 7,
    "type": "CLIPTextEncode",
    "pos": [
      413,
      389
    ],
    "size": {
      "0": 425.27801513671875,
      "1": 180.6060791015625
    },
    "flags": {},
    "order": 3,
    "mode": 0,
    "inputs": [
```

```
    {
      "name": "clip",
      "type": "CLIP",
      "link": 5
    }
  ],
  "outputs": [
    {
      "name": "CONDITIONING",
      "type": "CONDITIONING",
      "links": [
        6
      ],
      "slot_index": 0
    }
  ],
  "properties": {
    "Node name for S&R": "CLIPTextEncode"
  },
  "widgets_values": [
    "text, watermark"
  ]
},
{
  "id": 6,
  "type": "CLIPTextEncode",
  "pos": [
    415,
    186
  ],
  "size": {
    "0": 422.84503173828125,
    "1": 164.31304931640625
  },
  "flags": {},
  "order": 2,
  "mode": 0,
  "inputs": [
    {
      "name": "clip",
      "type": "CLIP",
      "link": 3
    }
  ],
  "outputs": [
```

```
          {
            "name": "CONDITIONING",
            "type": "CONDITIONING",
            "links": [
              4
            ],
            "slot_index": 0
          }
        ],
        "properties": {
          "Node name for S&R": "CLIPTextEncode"
        },
        "widgets_values": [
            "beautiful scenery nature glass bottle landscape, , purple galaxy
bottle,"
        ]
      },
      ...
```

此外，ComfyUI 还支持多种输入 / 输出格式和多样化的素材导入。用户可以轻松导入图像、音频和视频文件，系统会自动适配不同的素材格式，保证输出的视频质量和效果。对于专业用户来说，ComfyUI 提供了高级的自定义选项，允许用户调整细节参数，如视频分辨率、帧率、色彩校正等，从而满足不同项目的需求。

除了技术上的优势以外，ComfyUI 还注重社区建设和资源共享。平台上拥有丰富的教程和案例库，用户可以学习和借鉴他人的经验和创意。与此同时，ComfyUI 还鼓励用户分享自己的工作流和模板，通过社区的互动和反馈，促进共同进步和创新。

随着人工智能和机器学习技术的发展，视频生成领域正在经历迅速的变革和创新。ComfyUI 作为这一潮流的先锋，持续更新和优化其功能，确保用户能够利用最新的技术和工具，创作出高质量的视频内容。未来，ComfyUI 有望在教育、娱乐、广告等多个领域发挥更大的作用，成为视频生成工作流的首选平台。

总的来说，ComfyUI 不仅是一个视频生成工具，更是一个集成了技术、创意和社区资源的综合平台，为视频创作者提供了前所未有的便利和灵感。无论是初学者还是专业人士，都能在 ComfyUI 中找到适合自己的工作流，从而实现创意的高效表达和呈现。

5.5.6　视频生成的挑战

视频生成技术也面临诸多挑战。首先是技术方面的难题。尽管对抗生成网络在图像生成上表现优异，但在视频生成上依然面临许多挑战。视频不仅仅是图像的集合，还需要考虑时间上的连续性和一致性。因此，生成高质量、自然流畅的视频内容仍然是一个复杂的任务。

其次是伦理和法律方面的挑战。随着视频生成技术的进步，深度伪造（deepfake）技术也应运而生。通过深度伪造，可以生成以假乱真的视频，这给社会带来了极大的风险。例如，虚假信息和假新闻的传播可能导致社会动荡和信任危机。此外，个人隐私也可能因此受到侵害。

如何在技术发展和伦理安全之间找到平衡，是当前亟待解决的问题。

再者是计算资源的挑战。视频生成尤其是高质量视频的生成需要大量的计算资源，这对硬件设备和能耗提出了高要求。在现有技术水平下，如何提高生成效率、降低资源消耗是研究的重要方向。

第 6 章

生成式 AI 行业应用

6.1 跨媒体内容创作

目前大语言模型通过结合人工智能生成内容技术,实现跨媒体内容创作。这些模型可以从多个来源获取互联网上的热门话题、新闻和社交媒体动态,对文本数据进行深度分析,识别热门话题和趋势,帮助内容运营团队及时了解市场变化。大语言模型可用于创建营销内容,如博文、文章和社交媒体帖子。这些内容可用于吸引关注、吸引客户并推广产品和服务。例如,可以使用大语言模型生成有关新产品发布的博文,或创建鼓励客户分享产品体验的社交媒体活动。此外,大语言模型还可以帮助节省时间和精力,提高社交媒体中的转化率,生成有趣、引人入胜的内容,自动生成各种类型的内容,如图形化内容、博文的开头和结尾、推文等。另外,大语言模型还可以用于智能客服,理解社区用户的评论和问题,进行私域流量转化。总的来说,大语言模型通过自动生成内容、理解用户需求并做出回应等方式实现跨媒体内容创作。

6.1.1 文本与图像结合

文字转化成图像(text-to-image)是一种常见的模式,不管是 Open AI 的 DALL-E、Google 的 Imagen,还是 Stable Diffusion 的模型,它们基本遵循同一种模式,那就是用文字提示作为输入,以生成想要的图像。接下来通过几个示例帮助大家具象化这个工作流。

1. Midjourney

Midjourney 的用户增长惊人,该服务在其 Discord 群组中拥有超过 180 万用户。

2. Stability.ai

初创公司 Stability.ai 已公开其人工智能模型的所有细节。该公司在线发布的模型的权重可供任何人访问和使用。这意味着,与 DALL-E 或 Midjourney 不同,Stability.ai 的模型在生成内容时没有添加过滤器或设置限制条件,如暴力等有害内容。Stability.ai 完全无限制的发布策略一直备受争议。

3. Adobe Firefly

Adobe Firefly 是使用 Adobe 的 Sensei 平台开发的。Firefly 使用来自 Creative Commons、Wikimedia 和 Flickr Commons 的图像以及 Adobe Stock 和公共领域中的 3 亿张图像和视频进行训练。它使用图像数据集来生成各种设计,并通过调整其设计来从用户反馈中学习。

4. Canva

Canva 是一个流行的在线图形设计工具,旨在使设计工作变得简单和易于访问——不论用户的设计技能如何。它提供了一个用户友好的界面和丰富的模板库,包括社交媒体图形、演示文稿、海报、邀请函等。特别值得注意的是，Canva 近年来加入了智能化生成技术，例如自动化的设计建议、智能排版和色彩搭配建议，以及使用 AI 技术的图像编辑功能，如背景移除和图像增强。这些智能化功能极大地提升了用户的设计效率和创造性，使得即使是设计新手也能快速制作出专业水准的作品。

6.1.2　文本和视频结合

大语言模型技术在文本或图像转视频方面的应用主要涉及如下两个方面。

- 文本到视频生成。大语言模型技术可以用于从文本描述自动生成视频内容。通过对模型进行微调，结合图像生成模型，可以实现根据文本描述自动生成相关视频内容，如根据"Spiderman is surfing"生成相关视频。
- 视频摘要生成。大语言模型技术也可以用于视频摘要的生成。通过将视频的音频内容转换为文本，再利用大语言模型技术进行文本摘要，最终生成视频的文字摘要内容。

在文本到视频生成中，Google VideoPoet 因其独特的架构脱颖而出，该架构将传统的语言模型转换为复杂的视频生成器。

- 视频、音频、图像和文本的统一词汇。Google 提出了 MAGVIT V2 和 SoundStream Tokenizers，这两个预训练的视频和音频词法分析器能够将图像、视频和音频转换成一系列离散的代码。这样就创建了一个能被基于文本的语言模型理解的统一词汇。
- 基于新词汇训练大语言模型。VideoPoet 的核心是一个自回归语言模型，它能够跨视频、图像、音频和文本模态学习。它预测序列中的下一个视频或音频标记，桥接了不同媒介形式之间的差距。现在我们有了一个可以由大语言模型管理的统一词汇，我们可以定义自定义目标。Google 引入了几个目标。
- 多模态生成学习目标。VideoPoet 的训练包括多种目标，如文本到视频、图像到视频、视频帧延续、修补和扩展、风格化以及视频到音频。这种多方面的方法使得该模型能够处理广泛的任务，并具有零样本生成内容的能力。

OpenAI 也关注到这个赛道，于 2024 年 2 月发布了 Sora。Sora 是一个能够根据文本指令创建逼真且富有想象力场景的人工智能模型。它初步授予了一些视觉艺术家、设计师和电影制作人访问权限。Sora 能够生成具有多个角色、特定类型动作以及主题和背景准确细节的复杂场景。该模型不仅理解用户在提示中请求的内容，还理解这些内容在现实世界中的存在方式。该模型具有深刻的语言理解，使其能够准确解释提示并生成表达生动情感的引人入胜的角色。Sora 还可以在单个生成的视频中创建多个镜头，准确保留角色和视觉风格。

但是当前模型存在一些弱点，比如难以准确模拟复杂场景的物理情况，也可能无法理解特定的因果关系实例。例如，一个人可能会咬一口饼干，但之后，饼干上可能没有咬痕。该模型还可能混淆提示的空间细节，如左右混淆；也可能难以描述随时间发生的事件的精确细节，例如，跟踪特定的摄像机轨迹。

Sora 进行了更为严格的安全审查。比如 OpenAI 和很多领域专家合作，在虚假信息、仇恨内容和偏见等领域对模型进行对抗性测试。OpenAI 通过构建工具来帮助检测误导性内容，例如，在 OpenAI 产品中，文本分类器将检查并拒绝违反 OpenAI 使用政策的文本输入提示，例如那些请求极端暴力、仇恨图像、名人肖像或他人知识产权的提示。OpenAI 还开发了强大的图像分类器，用于审查每个生成的视频帧，以确保其符合使用政策，然后再向用户显示。

除了这些人工智能巨头以外，一些初创公司（如 HeyGen 和 Pika Labs）也在这波浪潮中涌现。

HeyGen 专注于 2B 市场，满足市场对营销、培训和教学视频的持续需求。HeyGen 还推出了一款新产品，使人们更容易创建出现在其视频中的定制 AI 虚拟形象。此前，HeyGen 的个性化逼真虚拟形象需要专业摄影来创建，且过程可能需要几天时间，尽管它还提供了 100 多种现成的虚拟形象。目前，新产品可以使用智能手机拍摄的视频来生成 AI 虚拟形象，并且只需要 5 分钟。

Pika Labs 围绕 3D 动画、动漫、卡通、电影序列等多种风格生成视频。它不仅仅是生成视频，还允许用户以各种方式编辑和完善视频。用户可以使用 AI 驱动的工具调整视频尺寸、更改视频内的元素（如服装、角色和环境）以及延长或修改视频长度。再者，Pika AI 视频工具还提供了无缝转换功能，如文本到视频、图像到视频和视频到视频的转换。这些功能使用户能够将不同形式的内容转换成引人入胜的视频序列。

6.1.3 多媒体内容创作

文本和图像的结合也被应用于多媒体内容创作。下面从不同的行业角度来介绍。

1. 广告行业

大语言模型可应用于电子商务广告生成，特别是在文本到图像转换方面。大语言模型可用于生成产品描述、营销内容和 SEO 元数据，从而提高与广告相关联的文本的质量和个性化程度。此外，大语言模型还可以协助创建引人入胜的产品描述，避免内容重复，并提高 SEO 排名，这些都是有效电子商务广告生成的关键因素。而且，大语言模型能够分析客户互动和偏好，导致更加个性化和吸引人的广告内容，从而在零售和电子商务环境中提升忠诚度和收入。总体来说，大语言模型在优化电子商务广告的内容生成和个性化方面（包括文本到图像的方面）发挥着重要作用，从而改善了整体购物体验和电子商务领域营销工作的有效性。一些公司和平台正在集成大语言模型进行个性化营销、广告定位和内容生成。

TikTok Creative Center 也提供了一系列工具和功能，用于简化广告创作流程，包括生成文本到图像的广告。其中一个关键功能是视频模板，它使得将图像或视频转换成广告变得快速且容易。用户可以上传其文字版本的创意，工具将生成最终广告的几个脚本，允许用户选择最适合其活动的一个。此外，TikTok Creative Center 内的 AI Script Generator 支持创建英文视频广告，并可用于以吸引潜在客户并保持他们观看的噱头开始视频广告。这些功能展示了 TikTok Creative Center 如何促进文本到图像广告的生成，使广告商能够创造引人注目的视觉内容。这表明大语言模型可以帮助实现文本与图像的无缝结合，为跨媒体内容创作提供新的可能性。

2. 新闻行业

BBC 专门在研发中心成立了 AI 研究团队，从 2021 年就开始探索 GPT-3，但是当时发现幻觉非常严重。他们在 2022 年研究了更多话题，比如播客章节化、BBC 相关内容的语义搜索，以及持续对大语言模型的研究。举例来说，BBC 新闻实验室利用 AI 工具开发了一种多故事模型，适合不同观众的不同消费模式，包括可以从文本中自动生成图形化内容的工具，以便在社交媒体平台上使用。

博客章节化也是很好的语音转文字的体现。具体步骤如下。

第1步，把语音转换成文字。

第2步，根据语义把文字分成多个部分。

第3步，给每一部分加上标题、总结和话题标签。

同时，研发团队还开发了一个名为Primo的平台，是一个运行在文档数据库上的平台，主要为记者执行Haystack搜索。这个平台为用户提供了创建和分享项目的功能，同时允许用户向这些项目添加各种资源。在其初始功能方面，Primo提供了语义和词汇搜索功能，以及问题和答案的重述功能，使用户能够更有效地管理和利用他们的数据集。

另外，研发团队也基于GPT进行微调（fine-tune）。基于BBC数据进行的微调旨在提高特定任务的性能，特别是在风格转换方面。这种微调是根据对"优质"内容的特定定义量身定制的，确保结果符合BBC的独特标准和需求。此外，选择在内部托管这些系统可以确保对其性能进行适当的评估，同时避免与外部公司共享敏感数据。这种方法不仅提高了任务处理的效率和准确性，还加强了数据安全和隐私保护。

6.2 商业广告设计

狭义上讲，商业广告设计是指商业广告生成，包括如Logo设计、名片/卡证设计、宣传单/折页设计、画册/书刊设计、海报/招贴设计、包装设计、户外展示广告设计等。商业广告设计和大语言模型的结合可以在广告创意和内容生成方面发挥作用。大语言模型可以用于生成广告文案、宣传语，甚至视觉内容，帮助广告设计师快速获得创意灵感和内容素材。此外，大语言模型还可以用于市场调研和受众分析，帮助广告设计师更好地了解目标受众的需求和偏好，从而创作更具吸引力和针对性的广告内容。通过结合大语言模型的自然语言生成能力和对话模型，可以为广告设计师提供更多元化的创意支持和内容生成工具，从而提升广告设计的效率和创意水平。

广义上说，商业广告设计还包括如下内容。

- 个性化营销。大语言模型可用于生成个性化的营销内容，如电子邮件活动和社交媒体帖子。这有助于企业更有效、更高效地触达目标客户。例如，可以使用大语言模型为最近放弃购物车的客户生成个性化电子邮件活动。邮件活动可以包括客户感兴趣的产品信息，以及特别优惠和折扣。

- 聊天机器人。大语言模型可用于创建能够自然与客户互动的聊天机器人。这有助于企业提供全天候客服，而无须雇佣额外员工。例如，可以使用大语言模型创建一个聊天机器人，回答有关产品、服务和运输的客户问题。

- 定向广告。大语言模型可用于将广告定向至特定受众。这有助于企业更有效、更高效地触达目标客户。例如，可以使用大语言模型将广告定向至对类似产品或服务表现出兴趣的客户。

- 衡量营销活动的有效性。大语言模型可用于通过分析客户数据和社交媒体活动来衡量营销活动的有效性。这些信息可用于改进未来的营销活动。

- 生成创意文本格式。大语言模型可用于生成不同的创意文本格式，如诗歌、代码、剧本、乐曲、电子邮件、信件等。这可以用于创建引人入胜且个性化的营销内容。

6.2.1 创新广告策略

大语言模型对于广告生成的影响是最大的。首先，程序化创意，平台不是手动制作广告，而是生成针对特定受众或平台定制的多个广告版本，调整文案、视觉和行动号召等元素；其次，AI 广告生成，为每个目标受众生成具有不同标题、图像和描述组合的多种广告。

大语言模型的自动化能力不仅限于内容生成。通过利用大量数据，大语言模型可以提供关键洞察，指导市场营销策略和决策。这种数据驱动的方法有助于创造更有效和更有针对性的广告活动。再者，大语言模型可以帮助进行规模化的 A/B 测试，测试和部署广告，查看哪些广告在点击量、转化、参与度和其他指标方面表现最佳。这为营销创意团队节省了大量时间，因为他们不再需要手动为不同受众创建不同广告。最后，大语言模型在内容审核中也扮演着重要角色。使用大语言模型进行内容审核有助于确保内容与品牌的价值观和指导方针保持一致，从而维护内容的质量和相关性。

加拿大的生成式 AI 工具 Jasper 由文案编写者培训，能够生成原创的广告文案或 Instagram 标题。该公司还拥有一个口号生成器和文本摘要器。根据 Crunchbase 的数据，该公司已筹集了 1.31 亿美元。除了内容生成以外，Jasper 还可以保证将品牌和产品定位融入广告内容，确保信息的一致性。Jasper 也可以分析公司的战略、品牌定位、风格指南来保持语调和风格的一致性。同时它也有审查和优化的功能，通过 AI 总结简化审查过程，轻松整合编辑，确保遵循风格指南标准和 SEO 最佳实践。

另外一个例子是 Typeface，这家公司成立时就获得了 6500 万美元的资金，主要为小公司创建视觉品牌和博客。这类公司或许有潜力改善整个行业——而不是在同一广告的五六个不同变体上工作，艺术家、设计师和作家可以专注于品牌美学、语调和声音。

尽管大语言模型具有潜力，但它们可能会引入偏见或局限性，因为它们是基于大量现有数据训练的。人类提供专业知识、创造力和语境理解，这些是克服这些挑战所必需的。再者，在广告中保持品牌声音和真实性也是现在大语言模型表现不足的部分。虽然大语言模型可以自动化和扩大内容创作，但它缺乏人类创造力所固有的情感深度和语境理解。因此，人类在将品牌声音和真实性融入大语言模型生成的内容中发挥着至关重要的作用。

6.2.2 定制化设计方法

AI 广告科技初创公司越来越显现走进细分市场的趋势，会根据某行业特质来定制化生成广告。另一家广告科技初创公司 Constellation，将自己定位为专门从事汽车制造、生物技术和保险等高度监管行业的营销公司。该公司最近开始在高度监管行业使用生成式 AI，这一直是可扩展广告技术解决方案难以渗透的领域。高度监管的行业害怕 AI 是这家公司的竞争壁垒。以制药行业为例。制药公司需要遵守美国食品和药物管理局颁布的严格且比较主观的广告标准。在广告中使用错误的词语——"显示""证明"和"演示"之间可能有区别——可能意味着制药公司必须停止商业化并支付巨额罚款。承接制药客户的广告科技初创公司也必须跟踪所有这些规定。Constellation 在 AI 中为每个行业构建参数，以帮助这个过程。这允许营销公司使用生成式 AI，同时确保平台符合其客户的监管标准。基于专有信息来源构建语言模型的初创公司可能是赢得风险投资公司青睐的关键。

6.3　金融应用

在过去十几年里，人工智能和机器学习已在金融服务行业得到应用，从改善信贷审查到提升基础欺诈评分等方面都有显著提升。通过大语言模型的生成式 AI 代表了一个巨大的飞跃，并正转变着教育、游戏、商业等多个领域。传统的 AI/ML 专注于基于现有数据进行预测或分类，而生成式 AI 则创造全新内容。

这种基于大量非结构化数据训练大语言模型的能力，加上几乎无限的计算能力，可能带来金融服务市场数十年来最大的变革。不同于其他平台转变——互联网、移动、云计算——金融服务行业在采纳上较为滞后，而在这里，我们预期看到最优秀的新公司和现有企业立即采用生成式 AI。

金融服务公司拥有大量历史财务数据。如果它们利用这些数据来微调大语言模型（或从头开始训练，如 BloombergGPT），它们将能够迅速回答几乎所有金融问题。例如，一个训练有素的大语言模型，基于公司的客户聊天记录和一些额外的产品规格数据，应该能够及时回答关于公司产品的所有问题，而一个训练了 10 年公司可疑活动报告的大语言模型应该能够识别出一系列表明洗钱计划的交易。

在现有企业和初创企业的竞争中，现有企业由于能够使用专有财务数据，在使用 AI 推出新产品和改进运营方面将具有初期优势，但它们最终将受到对准确性和隐私的高标准的限制。另外，新进入者可能最初不得不使用公共财务数据来训练其模型，但它们将迅速开始生成自己的数据，并利用 AI 作为新产品分销的突破口。

6.3.1　个性化的消费者体验

在过去的十年里，消费者金融科技公司取得了巨大的成功，但它们尚未实现最雄心勃勃的承诺：在无须人工干预的情况下，优化消费者的资产负债表和收入表。这个承诺之所以未能实现，是因为用户界面无法完全捕捉影响财务决策的人类背景，也无法以帮助人类做出适当权衡的方式提供建议和交叉销售。

在面临困难时，消费者如何优先支付账单的情况就是一个非常好的例子，说明了非显而易见的人类背景的重要性。消费者在做出此类决策时，往往会考虑到实用性和品牌两个因素，这两个因素的相互作用使得创建一个完全捕捉如何优化这一决策的体验变得复杂。例如，这使得提供一流的信用辅导变得困难，因为这需要人工员工的参与。虽然像 Credit Karma 这样的体验可以引导客户完成 80% 的旅程，但剩下的 20% 成了一个不寻常的谷地，进一步尝试捕捉背景往往过于狭隘或使用不准确的精度，破坏了消费者的信任。

在现代财富管理和税务准备方面也存在类似的不足。在财富管理方面，即使是专注于特定资产类别和策略的金融科技解决方案，也无法超越人类顾问，因为人类的决策极大地受到其独特的希望、梦想和恐惧的影响。这就是为什么人类顾问在为客户量身定制建议方面，通常比大多数金融科技系统做得更好。在税收方面，即使有现代软件的帮助，美国人在税务上仍然花费超过 60 亿小时，犯下 1200 万个错误，并且常常遗漏收入或放弃他们不知道的福利，如可能扣除的工作旅行费用。

大语言模型为这些问题提供了一个整洁的解决方案，它们能更好地理解和导航消费者的财务决策。这些系统可以回答问题（"为什么我的投资组合中有一部分是市政债券？"）、评估权衡（"我该如何考虑期限风险与收益率？"），并最终将人类背景纳入决策过程（"你能制订一个足够灵活的计划，以便在将来的某个时刻帮助财务支持我年迈的父母吗？"）。这些能力应该将消费者金融科技从一个高价值但专注度较窄的应用场景转变为另一个可以帮助消费者优化整个财务生活的应用场景。举个例子，在一个能够渗透银行的生成式 AI 工具普及的世界里，Sally 应该持续接受信贷评估，这样一来，她决定购买房屋的那一刻，就已经有了预先批准的抵押贷款。

然而，这样的世界尚未成为现实，主要原因有如下 3 个。

① 消费者信息存储在多个不同的数据库中。这使得交叉销售和预测消费者需求变得极具挑战性。

② 金融服务通常是情感化的高考虑购买行为，且往往涉及复杂且难以自动化的决策树。这意味着银行必须雇用大量客户服务团队来回答客户关于哪些金融产品最适合他们个人情况的众多问题。

③ 金融服务受到严格监管。这意味着人类员工，如贷款审核员和处理人员，必须对每个可用产品（如抵押贷款）保持了解，以确保符合复杂但不成文的法律规定。

生成式 AI 将使从多个位置提取数据、理解个性化情况和非结构化合规法律的劳动密集型功能变得高效 1000 倍。主要的应用场景如下。

- 客户服务 Agent 场景。每家银行都有成千上万的客户服务 Agent，他们必须经过严格培训，了解银行产品和相关合规要求，以便回答客户问题。现在想象一下，一位新的客户服务代表开始工作，他可以访问一个已经接受过银行所有部门过去十年客户服务电话培训的大语言模型。该代表可以使用该模型快速生成正确的答案，并帮助他们更智能地讨论更广泛的产品范围，同时减少他们的培训时间。老牌公司会想确保其专有数据和客户特定的个人身份信息不被用于改进其他公司也能使用的通用大语言模型。新进入者则必须在如何启动数据集方面富有创造性。
- 贷款场景。贷款官员目前需要从近十个不同系统中提取数据来生成贷款文件。一个生成式 AI 模型可以在这些系统的数据上进行训练，这样贷款官员只须提供一个客户姓名，贷款文件就能为他们立即生成。贷款官员可能仍需确保 100% 的准确性，但他们的数据收集过程将变得更高效、更准确。
- 合规场景。银行和金融科技公司的许多 QA 工作涉及确保完全遵守众多监管机构的要求。生成式 AI 可以大大加快这一过程。例如，Vesta 可以整合一个经过训练的生成式 AI 模型，使用房利美销售指南，以便立即提醒抵押贷款官员合规问题。由于许多监管指南都是公开可用的，这可能为新市场参与者提供一个有趣的切入点。然而，真正的价值仍将归属于拥有工作流引擎的公司。

6.3.2 合规

金融领域非常有价值的一个场景就是合规场景。未来，采用生成式 AI 的合规部门可能有望阻止全球每年 8000 亿到 2 万亿美元的非法金融交易。毒品交易、有组织犯罪和其他非法活动将会见证几十年来最显著的减少。

如今，目前投入在合规上的数十亿美元只有 3% 的效率能够阻止犯罪资金洗钱。合规软件大多基于"硬编码"的规则构建。例如，反洗钱系统使合规官员能够运行诸如"标记所有超过

1万美元的交易"或扫描其他预定义的可疑活动等规则。应用这些规则可能是一门不完美的科学，导致大多数金融机构被迫调查法律要求的大量误报。合规员工花费大量时间从不同系统和部门收集客户信息来调查每一个标记的交易。为了避免沉重的罚款，他们雇用了成千上万的员工，通常占银行员工总数的10%以上。

一个搭载生成式AI的未来可能实现如下功能。

- 高效筛查。生成式AI模型能快速将关键信息汇总至合规官员的指尖——允许合规官员更快地判断交易是否存在问题。
- 更好地预测洗钱者。设想一个训练有素的模型，基于过去10年的可疑活动报告，无须特别告知模型什么是洗钱者，AI可以用来检测报告中的新模式，并自己定义构成洗钱者的标准。
- 文件分析速度更快。合规部门负责确保公司的内部政策和程序得到遵循，并符合监管要求。生成式AI可以分析大量文档，如合同、报告和电子邮件，并标记可能的问题或需要进一步调查的关注领域。
- 培训和教育。生成式AI可用于开发培训材料和模拟真实世界场景，以教育合规官员关于最佳实践的知识，以及如何识别潜在风险和不合规行为。

新进入者可以使用来自数十个机构的公开合规数据来加速搜索和综合，使其更快、更易于获取。大型公司则受益于多年积累的数据，但它们需要设计适当的隐私功能。长期以来，合规一直被视为一个由过时技术支撑的不断增长的成本中心。生成式AI将改变这一现状。

6.3.3　风险管理

虽然人工智能的进步无法完全消除信贷、市场、流动性和运营风险，但我们相信这项技术在帮助金融机构更快地识别、规划和应对这些不可避免的风险方面将发挥重要作用。在策略上，以下是我们认为AI可以帮助提高风险管理效率的几个领域。

- NLP。像ChatGPT这样的大语言模型可以帮助处理大量非结构化数据，如新闻文章、市场报告和分析师研究，提供更全面的市场和交易对手风险视角。
- 实时洞察。对市场状况、地缘政治事件和其他风险因素的即时了解，可以让公司更快地适应变化条件。
- 预测分析。运行更复杂的情景并提供早期预警，可以帮助公司更主动地管理风险敞口。
- 整合。整合不同的系统并使用AI综合信息，可以帮助提供更全面的风险敞口视图，并简化风险管理流程。

6.3.4　动态预测和报告

除了能够帮助回答金融问题以外，大语言模型还可以帮助金融服务团队改进他们自己的内部流程，简化财务团队的日常工作流程。尽管金融的几乎所有其他方面都有所进步，但现代财务团队的日常工作流程仍然依赖于Excel、电子邮件和需要人工输入的商业智能工具等手工过程。由于缺乏数据科学资源，基本任务尚未实现自动化，CFO及其直接报告人因此花费过多时间在记录保存和报告任务上，而他们本应专注于金字塔顶端的战略决策。

总体而言，生成式AI可以帮助这些团队跨更多来源汇集数据，并自动化突出趋势、生成预测和报告的过程。相关示例如下。

- 预测。生成式 AI 可以帮助编写 Excel、SQL 和 BI 工具中的公式和查询，以自动化分析。此外，这些工具可以帮助发现模式，并从更广泛的数据集中提出更复杂情景（例如，考虑宏观经济）的预测输入，并建议如何更容易地调整这些模型，以便为公司决策提供信息。
- 报告。生成式 AI 可以帮助自动化创建文本、图表、图形等，无须手动提取数据和分析内外部报告（如董事会演示文稿、投资者报告、每周仪表板等），并能根据不同示例调整这些报告。
- 会计和税务。会计和税务团队需要花时间咨询规则并了解如何应用它们。生成式 AI 可以帮助综合、概括和建议有关税法和潜在扣除项的潜在答案。
- 采购和应付账款。生成式 AI 可以帮助自动生成和调整合同、采购订单、发票和提醒。

话虽如此，重要的是要注意生成式 AI 输出在这里的当前局限性——特别是在需要判断或精确答案的领域，这对财务团队来说往往是必需的。生成式 AI 模型在计算方面继续改进，但目前还不能完全依赖它们的准确性，或者至少需要人工审查。随着模型迅速改进，额外的训练数据和数学模块的增强能力为模型的使用开辟了新的可能性。

6.3.5　挑战

在金融场景中，新进入者和现有企业在实现生成式 AI 未来方面面临如下两个主要挑战。

- 用金融数据训练大语言模型。目前大语言模型主要基于互联网数据进行训练。金融服务的使用案例将需要用特定于用例的金融数据对这些模型进行微调。新进入者可能会开始使用公开公司的财务数据、监管文件和其他容易获取的公共金融数据来精炼他们的模型，最终在随时间积累自己的数据后使用这些数据。像银行或具有金融服务运营的大型平台（如 Lyft）这样的现有玩家，可以利用其现有的专有数据，这可能为其带来初期优势。然而，现有的金融服务公司在拥抱大型平台转变时往往过于保守。在我们看来，这给了未受束缚的新进入者竞争优势。
- 模型输出的准确性。鉴于对金融问题的回答可能对个人、公司和社会产生的影响，这些新的 AI 模型需要尽可能准确。它们不能幻想或编造错误但听起来自信的答案来回答关于某人的税务或财务健康的关键问题，它们需要比流行文化查询或普通高中论文的大概答案更准确。开始时，通常会有一个人类作为 AI 生成答案的最终验证环节。

生成式 AI 的出现是金融服务公司的一个戏剧性平台变化，有潜力带来个性化的客户解决方案、更高效的运营、更好的合规性和改进的风险管理，以及更动态的预测和报告。现有企业和初创企业将迎接我们上面概述的两个关键挑战。

6.4　教育应用

在当前的教育体系中，学生与教师的比例偏高。回想一下在学校时，你是否曾想向教师提问，却因为其他同学也需要帮助而未能得到回应？或许你在某些问题上挣扎，却无法单独与教师交谈或在全班面前分享？

学校提供的学习内容并未针对每个个体量身定制，而是旨在满足多数学生的需求。这样做的副作用是，对于个别学生来说，内容可能过难或过易。

不同的学生可能偏好或更理解其他的教学方法，而这些方法可能不适用于整个班级。例如，有些学生偏好书面考试，而另一些学生则不喜欢；有的学生喜欢小组合作，有的则更喜欢独自完成工作。

教育体系同样陈旧，难以跟上对社会进步至关重要的新技术。即便在疫情时期，对技术的不充分利用和适应也证明了我们的教育体系有多么僵化。

个性化教育工具的开发涉及利用技术和教育原则，为学习者量身定制教育体验。这种工具可以基于学习者的兴趣、学习风格和能力水平提供定制的学习内容和教学方法。个性化教育工具的开发通常涉及以下方面。

- 学习分析。利用数据分析和机器学习技术，对学习者的行为和表现进行评估，以理解其学习需求和模式。
- 内容定制。根据学习者的特征和需求，开发定制的学习内容可能涉及自适应学习系统，以便根据学习者的表现调整内容。
- 教学方法。结合个性化教育理论，开发适合不同学习者的教学方法，例如个性化反馈系统和导师支持工具。
- 技术整合。将各种技术，如人工智能、大数据分析和教育技术，整合到一个综合的个性化教育平台中。

个性化教育工具的开发旨在提高学习者的参与度、理解和成绩，为不同学习者提供更好的教育体验。这种工具在学校、在线学习平台和企业培训等领域都有广泛应用。

6.4.1　学习体验定制

学习体验定制主要体现在 AI Tutor 这种产品形态的出现。AI Tutor 可以使用先进的大语言模型提供任何科目的个性化辅导。AI Tutor 吸收课程材料，构建适应课程的自适应知识库。当学生提出问题时，它检索最相关的信息，生成详细的、对话式的回答，并引用支持证据。该系统由先进的大语言模型和检索增强生成技术提供支持，以实现准确、自然的问题解答。

这类工具会赋予学生实时访问跨越多个学科领域的广阔知识数据库的能力。这些人工智能工具巧妙地综合了来自不同领域的信息，将复杂思想的丛林转化为易于理解的、可咀嚼的知识片段，尽管有时需要事实核查。例如，想象一下，一群环境科学和经济学学生正在研究有关碳排放的真实成本的项目。ChatGPT 等生成式人工智能工具可以作为该群体的跨学科图书馆，提供有关气候模型、碳税理论和污染的社会经济影响的见解。学生们可以通过人工智能实时总结相关文章并回答他们的问题，以便更轻松地探讨这个复杂的话题。

同时，这些 AI 工具还可以帮助评估学生工作中各种方法的优劣势。它们可以评估和识别知识空白，并提供指导，说明如何通过进一步调查来弥补这些空白。例如，如果社会学和数据科学学生正在研究社交媒体对选举的影响，那么像巴德这样的生成式人工智能工具可以充当顾问，指出他们的项目缺乏网络安全的视角来全面理解这个话题。它可以建议进一步探索相关的网络安全领域，从而增强他们工作的深度和广度。

Duolingo 是一家总部位于美国匹兹堡的科技公司，成立于 2012 年。该公司提供了基于科学的语言学习平台，旨在让全球人民免费学习语言。Duolingo 的应用程序和网站免费提供语言教育服务，用户无须付费即可访问大约 97 门课程，涵盖 40 种不同的语言。2023 年 3 月，Duolingo 宣布推出 Duolingo Max。Duolingo Max 提供了两个主要的新功能——Answer AI（针对具体答案的不明白部分进行提问）和 Roleplay（允许用户与 Duolingo 的动画角色进行基于文本的对话），都是利用 AI 来个性化并增强每个用户的应用体验。Duolingo 与 OpenAI 的合作始于 2021 年，当时这个语言教育应用程序首次集成了 GPT-3（GPT-4 的前身）。

6.4.2　教育内容创新

教育内容的创新主要体现在大语言模型上，为生成教育大大地加快了速度。使用 AI 进行课程创建的好处是非常明显的。Duolingo 不到 1000 名员工，却有超过 2100 万的日活跃用户。这意味着他们需要在有限的资源下果断优先处理，以开发世界上最好的教育并使之普遍可用！目前，构建、更新和维护 Duolingo 课程需要大量时间，大多数课程每年只发布几次新内容。如果我们能更快地产生高质量的内容，他们可以深入研究 CEFR 等级，教授更高级的概念；或者将资源分配给更多功能，如故事、播客以及仍在开发中的众多想法；也可以扩大他们对不常受关注但仍有一群忠实 Duolingo 学习者的小型课程的关注。

6.4.3　赋能教师端

大语言模型也在赋能教师端发挥了很大作用。

1. 智能辅导系统

智能辅导系统是 AI 在教室中使用的另一个例子。这些系统使用机器学习算法分析学生与教育材料互动的数据，据此提供个性化的反馈和指导。ITS 可以识别学生可能存在困难的领域，调整其方法并帮助他们更好地理解课程内容。

2. 自动评分

评分是教师耗时的任务，常常占用了宝贵的教学时间。人工智能可以为学生提供作业草稿的反馈。它可以作为一个同伴审查者，提供建设性的反馈。这个过程也可以反向进行！学生可以利用自己的批判性思维来发现人工智能生成内容中的错误，从而间接提升自己。然而，借助 AI 驱动的评分工具，如 GradeCam 或 Gradescope，教师可以自动化多项选择题甚至书面回答的评分过程，这一过程利用 NLP 算法完成。这为教师节省了更多时间，使教师可以专注于提供高质量的教学，而不是花费数小时批改作业。

3. 协助教师备课

大语言模型可以协助教师进行课程规划、文档排版、制定作业评分标准、创建测试等。教师工作繁重，报酬偏低；借助人工智能模型，他们可以高效完成工作，而不必牺牲时间。

MagicSchool 是一款专为教师设计的人工智能助手，旨在节省教师备课和撰写评估的时间。许多使用过 MagicSchool 的教师都提到，它节省了大量时间，并使学习更加个性化！像 MagicSchool 这样的人工智能工具可以防止教师职业倦怠。

6.4.4　AI 在教育中的挑战与局限性

AI 在改变教育格局方面展现出巨大潜力，可以为学生提供个性化学习体验并提高整体学习成果。然而，像任何其他技术一样，AI 也有其自身的挑战和局限性，需要逐步完善后才能在教育中有效实施。

- 教育工作者缺乏对 AI 的理解和专业知识。将 AI 整合到教育中的一大挑战是教育工作者对 AI 技术缺乏理解和专业知识。许多教师不熟悉 AI 技术，可能难以在教学方法中有效使用。这可能导致对采用 AI 驱动工具和平台的抵触，阻碍其融入教育体系。
- 成本。开发和实施 AI 技术可能成本高昂，使资源有限的学校难以采用。成本不仅包括初期投资，还包括教师培训的持续维护费用。这可能导致获取优质教育的机会不平等，因为预算较高的学校可能比预算较低的学校有优势。
- 伦理问题。AI 系统是基于从各种来源收集的数据集设计的算法。如果这些数据集存在偏见或不完整，可能导致 AI 系统的决策偏见，延续教育体系内现有的不平等。透明度和问责性也是教育中 AI 的重要方面。
- 隐私问题。随着从学生那里收集和分析大量数据，会存在敏感信息被访问或未经同意共享信息的风险。这包括学术表现、行为模式甚至生物识别数据等个人信息。学校和教育机构必须制定严格的政策来保护学生隐私，确保他们的数据不被滥用。学生、教师、家长和其他利益相关者应清楚了解 AI 系统在课堂中的使用方式及其收集的数据。如果需要，还应有机制让个人质疑或挑战这些系统做出的决定。

6.5 在健康领域的应用

传统企业软件长期以来难以深入医疗保健行业。尽管医疗保健占据了美国经济的 20%，但在最大的 100 家上市软件公司中，仅有一家是医疗公司。医疗保健行业在采纳新技术方面一直步履缓慢，IT 团队不愿承担过重负担，员工也对新系统的培训感到疲惫。然而，这种局面即将发生改变。就像新兴市场直接从使用现金过渡到移动支付一样，医疗保健行业也将从传真机直接过渡到人工智能，跳过传统垂直软件。借助人工智能，医疗技术公司不再需要在软件培训上耗费大量精力，而是可以销售行为类似人类的人工智能，从而减轻医疗专业人员的工作负担，使他们能够专注于更专业的问题。

6.5.1 解决医疗资源获取和成本的问题

人工智能将解决医疗保健领域面临的两大挑战：医疗资源获取和成本。在医疗资源获取方面，人们不再需要等待数月才能获得优质医疗服务。随着人工智能的改进，每个人都将拥有一个全科医生级别的人工智能医生。诊断将提前数月完成，从而加快医生的干预。在成本方面，人工智能可以将全人类服务转变为人工智能辅助服务，从而大幅降低开支。人工智能将帮助我们实现一个每个人都能负担得起世界级医疗服务的未来，医疗债务不再是破产的首要原因。

例如，在美国，医疗保健面临的最大问题并非医疗质量，而是医疗保健的可获取性。根据疾病控制与预防中心的数据，近 20% 的美国成年人没有固定的医疗保健来源。这一问题在寿命差异上尤为明显——在过去的十几年中，最富裕的美国人平均寿命增加了约 5 年，而最贫困人群的预期寿命却没有任何变化。

导致这种死亡率差距日益扩大的因素有很多，包括社会经济和医疗因素，但其中一个最大的问题是医生分布的不均衡。最优秀的医生和医疗提供者通常聚集在类似的环境中：顶级医院、与最优秀的同事一起工作、居住在最理想的地方，以及服务于能支付服务费用的患者。另外，医疗保健成本的飞速上升也是问题的关键部分。治疗慢性疾病（如糖尿病）的成本随着人口老龄化而增加。医生的高昂费用（每年增长 7%~10%）、药品和昂贵的医疗技术成本，都是导致医疗保健费用指数级增长的"Eroom 法则"的直接原因。

这导致我们面临更多的需求，但获得的医疗服务却更少也更昂贵。当今迫切的问题是：新技术是否能减缓甚至扭转医疗保健费用的指数级增长，从而真正实现医疗保健的民主化？如今，最富裕的病人不仅能负担顶级医疗服务，甚至可能飞往其他地方寻求世界顶尖医生的意见。想象一下，如果每个人都能这样做——为了诊断任何疾病，每个患者都能通过电话会议召集该领域前 50 名专家，他们凭借独特的经验和知识进行协商，就患者的病情达成一致意见——则无疑是目前可能的最佳医疗治疗。遗憾的是，这种方法或场景在成本上既不可行也不可扩展。

人工智能和机器学习正是放大和加速人类证据收集和分析技能的工具。它们可以为单个病人提供 50 位专家的知识和经验。无论是判断疑似恶性痣，还是判断不规则心跳可能是心房颤动，机器学习都是建立在最优秀医生的知识和经验之上的。机器学习在没有这些关键的人类输入下将一无是处；这项技术依赖于并扩展了最佳医生的知识。现代人工智能具有不断学习的惊人能力，能够继续识别数据中最准确的诊断特征。这些数据不是来自几个在诊室中见到的病人，而是来自成千上万个病例——比大多数专家一生中见到的都要多。人工智能最广泛且最重要的应用可能是放大我们的集体智慧。

现在想象一下，如果你的医生能够随时间追踪你的个人健康史，不仅仅是考虑引起你就医的心悸或可疑痣，而是了解你的完整病史，并且具有完美的记忆和回忆能力。这就是所谓的纵向数据：理解你的健康状况随时间的变化，以及对你来说什么是异常的（与整个人群中的异常相比）。与最佳医生一样，人工智能可以不断用新的数据集进行再培训，以提高其准确性，就像医生从每个病人、每个案例中学到新东西一样。但人工智能应用时间序列方法来理解患者与基线的偏差可能让我们首次实现对因果关系的统计理解——准确找出你特定的生活方式和 / 或治疗导致当前状态的疾病。换句话说，虽然优秀的医生可能会因为 PSA 水平超过"正常"阈值而猜测一个男性可能患有前列腺癌，但伟大的医生可能会怀疑前列腺癌不是因为他的 PSA 水平高于人群平均水平，而是高于他自己的基线。事实上，这正是医生如此早地发现本·斯蒂勒患癌症的方式。人工智能比任何人都能更好地理解你的健康状况随时间的变化——这事实上更具预测性。

人工智能最广泛且最重要的应用可能是放大我们的集体智慧。当你这样看待它时，仅依赖单个医生（或 2 个、3 个）的意见，这些医生只查看来自一个人、一个时刻的数据，便开始显得荒谬。无论医生多么出色，个体都可能并且不可避免地犯错误。但成百上千名医生的智慧——以及成千上万名患者的数据，而且每天都在增加——是非常强大的。两位医生的意见永远无法与数千兆字节的数据相匹敌。这就是放大人类学习的一种方式，就像互联网使知识传播的速度超过了阅读印刷书籍一样。想象一下，医生能够通过心灵感应相互传授他们的新发现——对于现代人工智能方法而言，这正是正在发生的事情。

也许人工智能最重要的超人之处在于人工智能可以被轻松复制，并且成本低廉。人工智能方法通常以相对适度的计算需求为驱动，有时只需要一个 GPU 或几个 CPU。由于摩尔定律在这一领域的持续推动，计算资源的成本将很快趋近于零。因此，针对单个病人的 50 人电话会议、跟踪患者一生的健康，现在看起来不再不可能。它们开始显得廉价而简单，并且有潜力触及世界各地医生短缺的角落。它不是一个普通医生，而是人类所能提供的最佳医生。

然而，医疗保健的民主化不会自发发生。标准护理需要改变，以融入这项新技术。使用人工智能应被视为放大和扩展最佳人类技能，因此，它在几乎所有医疗保健领域都有其自然的位置，包括预防、诊断和治疗，从在疾病的非常早期（以前无法检测到）阶段将患者送到医生那里，到改善结果和降低成本。

放大医生的能力不会取代医生。人工智能将扩大医生的影响力和覆盖范围，使得以更低的成本快速轻松地重现 10 000 名医生的建议成为可能，并将最佳医疗保健带到我们国家或世界的任何角落。由最佳医生对我们每个人进行评估的好处是，无论我们身处何地，它都能为我们的整个生命提供服务。它会为我们每个人提供最佳标准护理，不仅仅是基于你自己的数据，而是基于数十亿人的纵向数据集。

当涉及人工智能和医疗保健时，我们实际上应该担心的是现状。没有这些新技术工具，不平等肯定会继续恶化。有了人工智能，我们就有可能为每个人提供最佳的医生、最佳的检测、最佳的分析，在世界任何地方以低成本提供服务。

6.5.2 应用场景

新技术必须比旧技术好十倍才能成功取代它，而人工智能在医疗保健领域轻松达到了这一标准。人工智能的革命将首先从非临床用例开始，包括呼叫中心、排程、事先授权、医疗编码、收入周期管理以及医疗账单处理等。而临床革命紧随其后，人工智能已能通过医学执照考试，并能像放射科医生一样阅读 X 光片。未来，人工智能在诊断医疗问题和推荐治疗方案方面的准确性将超越人类。每位医生将拥有一个人工智能助手。监管路径已经存在，可以将临床人工智能引入市场，并且我们对立法者和监管机构的早期合作信号感到鼓舞。下面列举几家公司。

John Snow Labs 提供了专为医疗领域调整的大语言模型。这个模型能够提供医学知识的更新、管理医学对话，并确保引用资料的智能排序。它被设计用于可扩展性，并能处理大量文档，适用于多种医疗应用。

Revenue Cycle Coding Strategies 公司专门提供医疗行业的商业解决方案，包括收入周期管理、编码策略、战略咨询、文档和合规性审查。它们为各种医学专业提供资源和教育材料，专注于合规的编码实践和运营效率

Alpha Health 公司使用与无人驾驶汽车中相似的机器学习技术，为医疗系统提供统一的收入周期管理解决方案，它们专注于自动化和简化收入周期过程。

Talkdesk 在医疗保健联系中心应用了生成式 AI 技术，特别是在呼叫和聊天摘要方面。该技术能够在自然语言格式中合成信息，并在对话结束后立即以标准格式向 Agent 提供患者呼叫和聊天的摘要。这种人机协作的方式减少了完全依赖 AI 生成内容的风险，确保关键信息不被忽视。此外，Talkdesk 的 Healthcare Experience Cloud 支持呼叫摘要并可以直接与 EHR 系统集成。

Hyro 提供了基于自然语言理解的对话式 AI 技术，旨在改善患者体验、优化自助服务访问以及提高参与度指标。Hyro 的技术能够从患者互动中自动生成有价值的洞察，例如关键词趋势、患者参与度指标等，并提供定制化的洞察报告。此外，Hyro 的对话式 AI 能够自动处理日常任务，如医生搜索、预约管理、处方支持和账单处理等。

6.5.3 新型医疗保健公司的市场

接下来的几十年，人工智能将在药物发现、诊断、医疗服务提供方式以及医疗保健后台烦

琐工作的消除中发挥关键作用。市场对这一机会的估值显著偏低。人工智能健康公司将不会受到这些限制。边际将远高于人类服务。由于可以销售"人工智能人类",因此人工智能健康公司的上市过程将比销售软件的公司的上市过程更加顺畅。就像互联网彻底改变了软件公司的上市方式一样,人工智能将改变医疗技术公司的上市方式。

那么,这一切会发生吗?哪些公司将抓住这一人工智能机会?我们可以回顾 20 世纪 90 年代互联网的引入,来预测人工智能在医疗保健领域的未来。在互联网时代之前的 1990 年,当时最大的公司主要集中在非技术行业,如石油和天然气、制药、消费品、汽车和电信。如今,像 Google、Meta、Amazon 等创业公司已经取代了 1990 年最大公司的位置。

同样的情况很可能发生在医疗保健行业的人工智能领域。尽管一些公共医疗保健公司将转变其策略并因人工智能而蓬勃发展,但绝大多数价值将归属于正在创立的人工智能健康公司。今天的情况类似于互联网早期。就像当年的互联网泡沫一样,可能会有一个人工智能泡沫。但最优秀的公司将从灰烬中崛起,彻底改变人类健康。

第 7 章

生成式 AI 伦理道德

大语言模型正在迅速改变数字领域的格局，革新了我们与技术互动的方式。这些由人工智能驱动的系统具备显著能力，能生成类人文本、翻译语言，能以丰富的信息回答问题，并创造性地编写内容。然而，巨大的力量伴随着巨大的责任。大语言模型应用的开发和部署必须遵循伦理原则，以确保这项技术被用于善良目的，而不是造成伤害。以下是大语言模型的一些伦理和隐私方面的潜在风险。我们会一一介绍每一项风险，以及目前业界是如何适当处理它们的。

7.1 常见的生成式 AI 伦理道德问题

7.1.1 质量与性能

1. 虚假信息和误导信息：对抗谬误

关于大语言模型的主要担忧之一是它们传播虚假信息和误导信息的潜力。大语言模型可以基于大量数据进行训练，包括事实和不准确的信息。这可能导致模型生成包含错误或误导信息的输出。为了对抗这一问题，至关重要的是采用提高大语言模型输出事实准确性的技术。相关方法如下。

- 事实核查。实施事实核查算法和机制，以验证大语言模型生成信息的准确性。
- 数据策展。仔细策划用于训练大语言模型的数据，以尽量减少包含不准确或误导信息的情况。
- 透明度。促进大语言模型开发和运作的透明度，让用户了解所使用的数据来源和训练过程。

2. 幻觉：解决模型生成的虚假信息

大语言模型面临的另一个挑战是它们倾向于产生幻觉，即模型生成错误或虚构信息的情况。这可能是由于模型固有的生成似是而非但不准确的文本能力所致。为了解决这一问题，开发检测和减轻幻觉的方法很重要。相关方法如下。

- 对抗性训练。将大语言模型暴露于对抗性输入中，以提高它们区分准确和不准确信息的能力。
- 不确定性意识。实施使大语言模型能够量化其输出不确定性的技术，指示幻觉的可能性。
- 人工审查。在敏感或关键应用中纳入人工审查机制，以验证大语言模型输出的准确性。

3. 评估和反馈层：促进持续改进

持续评估和反馈对于维持大语言模型的质量至关重要。这涉及建立评估大语言模型性能的机制，并将反馈纳入其开发和完善中。这个过程的关键方面如下。

- 性能指标。定义和跟踪相关性能指标，如准确性、流畅度和连贯性，以衡量大语言模型输出的质量。
- 用户反馈。通过调查、实验和用户测试纳入用户反馈，以识别改进领域并解决用户关切。
- 模型重训练。定期使用更新的数据和反馈，重新训练大语言模型，以提高其性能并应对新兴挑战。

7.1.2　偏见与公平性

1. 检测偏见

检测大语言模型输出中的偏见是一项复杂的任务，这需要理解语言的微妙差异，并识别可能表明偏见的细微模式。为了检测偏见，可以采用如下方法。

- 基于词典的方法。这些方法使用带有偏见词汇的字典或词表，来识别大语言模型输出中可能的偏见。
- 统计分析。可以使用统计技术来识别大语言模型输出中可能表明偏见的模式。
- 人工评估。人类专家可以对大语言模型的输出进行偏见评估，提供关于公平性和包容性的主观评价。

2. 减轻大语言模型中偏见的技术

一旦检测到偏见，可以采用如下技术来减轻其影响，并在大语言模型中促进公平性。

- 数据去偏。诸如数据增强和重新加权等技术可以用来减少训练数据中的偏见。
- 模型训练。在模型训练过程中，通过整合公平性约束和规范化技术，可以减少偏见。
- 后处理。可以应用输出过滤和校正等技术来修改大语言模型输出，以减少偏见。

3. 促进大语言模型开发和部署中的公平性

为了确保大语言模型在开发和部署过程中的公平性，采取一种全面的方法至关重要，这种方法涵盖了模型的整个生命周期。具体措施如下。

- 数据的多样性和包容性。确保用于训练大语言模型的数据具有多样性，并能代表不同群体和观点。
- 跨学科合作。在大语言模型的开发和评估中，涉及来自各个领域的专家，如语言学、社会学和伦理学。
- 透明度和问责制。促进大语言模型的开发和运营透明度，使用户能够了解模型的输入、过程和输出。

7.1.3　隐私

1. 理解大语言模型应用中的隐私挑战

大语言模型经常处理和存储大量用户数据，包括个人可识别信息（PII）、搜索查询和交互日志。这些数据可能非常敏感，必须免受未授权访问或误用的保护。以下几个因素导致大语言模型应用中的隐私挑战。

- 数据收集。大语言模型收集广泛的用户数据，通常未经明确同意或未清楚说明数据的使用方式。

- 数据存储。大语言模型应用通常将用户数据存储在集中式服务器上，这可能容易受到网络攻击或数据泄露的威胁。
- 数据推断。即使没有直接收集 PII，大语言模型也可以基于用户与模型的互动，推断出用户的敏感信息。
- 数据共享。大语言模型应用可能会将用户数据与第三方提供商共享，引发对数据隐私和控制的担忧。

2. 检测大语言模型应用中的隐私漏洞

为了保护用户隐私，识别并解决大语言模型应用中的潜在漏洞至关重要。相关方法如下。

- 数据最小化。实施数据最小化实践，仅收集应用功能所必需的数据。
- 数据匿名化。匿名化或去标识化用户数据，以保护其隐私，同时保留其对模型的有用性。
- 访问控制。实施强大的访问控制措施，限制对敏感用户数据的访问。
- 数据加密。加密静态和传输中的用户数据，以防止未经授权的访问或截取。
- 透明度和用户控制。提供关于数据收集实践的清晰透明信息，并让用户对其数据拥有控制权。

3. 处理大语言模型应用中的隐私问题

当出现隐私问题时，必须有一个清晰有效的应对计划。首先需要建立识别、调查和及时有效地应对隐私事件的流程。同时，需要及时通知受影响的用户，并提供关于泄露性质和正在采取的措施的清晰信息。实施措施，补救导致隐私事件的任何漏洞或缺口，并防止未来发生。平时的日常教育也不能少，教育用户了解隐私风险，并为他们提供管理隐私设置和保护其数据的工具和资源。

7.2 数据模型角度的分析

7.2.1 数据泄露

大语言模型中的数据泄露是指敏感信息，如个人可识别信息、商业秘密或其他机密细节，通过模型的响应或通过未经授权访问模型的数据存储无意中被披露。这种泄露可能导致严重后果，包括财务损失、声誉损害和法律责任。

1. 提示中的泄露（用户数据）

大语言模型经常收集广泛的用户数据，包括搜索查询、交互日志，甚至提示中提供的个人信息。这些数据可能通过模型的响应无意中被泄露，特别是在提示没有仔细构建或模型没有在足够多样化的数据集上进行训练的情况下。

为了最小化提示中的泄露风险，组织应该实施数据最小化实践——仅收集应用功能所需的数据，并最小化在提示中使用敏感信息。组织也应该就提示隐私对用户进行教育，告知他们正在分享的数据及其使用方式，并对其信息提供匿名化或去标识化的选项。最重要的是，开发者需要在多样化的数据集上训练模型，使用代表广泛个体和观点的训练数据，以减少偏见和泄露风险。

2. 响应中的泄露（模型数据泄露）

除了提示中的泄露以外，大语言模型还可能无意中披露它们在训练中接触过的敏感信息，这被称为模型数据泄露。即使在训练期间模型没有直接接触到敏感数据，模型数据泄露也可能发生。

为了减轻模型数据泄露，应该使用数据去偏技术：采用技术减少训练数据中的偏见，例如数据增强和重新加权。同时，在模型训练期间整合公平约束，确保模型输出不偏向某些群体或个人。最后，应用技术过滤或修改大语言模型输出，以移除敏感信息或防止模型生成有害或冒犯性内容。

3. 防止数据泄露的额外考虑

除了上述具体措施以外，组织还应考虑以下几个方面。

- 透明度和问责。对数据收集实践保持透明，并清楚解释数据的使用和保护方式。
- 人工监督。建立使用大语言模型的清晰指导方针，并培训员工如何安全、负责地使用它们。
- 持续监控。持续监控大语言模型性能和数据使用模式，以便检测可能表明潜在数据泄露的异常情况。

4. 大语言模型中数据泄露的常见原因

可能导致大语言模型中数据泄露的因素如下。

- 过度拟合。当大语言模型与训练数据过于紧密相关，无法泛化到新输入时发生。因此，它可能无意中在其响应中重现敏感信息的片段。
- 记忆问题。大语言模型有时即使在训练完成后也可能在其记忆中存储大量数据。如果模型未正确配置或保护，这些可能包含敏感信息的数据有被泄露的可能。
- 输入偏差。提示或查询大语言模型的方式可能会影响其输出。如果提示包含敏感信息，大语言模型可能无意中在其响应中披露这些信息。

5. 防止数据泄露

防止大语言模型中数据泄露的做法有如下几种。

- 数据清洁。在训练大语言模型之前，应从训练数据中清除或移除敏感信息。这可能涉及匿名化、代币化或数据加密等技术。
- 输出过滤。应配置大语言模型在向用户发布响应之前过滤其响应。这可能涉及关键词屏蔽、模式识别或情感分析等技术。
- 持续监控。应持续监控大语言模型以寻找数据泄露的迹象。这可能涉及异常检测、统计分析或人工审查等技术。

7.2.2　内容审查 / 有害内容

大语言模型可能被用来生成或传播有害内容，包括仇恨言论、攻击性语言和错误信息。有效地审查这些内容对于维护一个安全、负责的在线环境至关重要。

1. 隐性有害性：有害内容的微妙细节

隐性有害性指的是大语言模型生成的微妙且常常含蓄的有害内容形式。这包括可能并非明显攻击性或仇恨的内容，但仍可能具有伤害性或歧视性。例如，大语言模型可能生成传播刻板印象、强化偏见或促进有害意识形态的内容。

由于其微妙的性质，检测和解决隐性有害性内容比识别明显有害性内容更具挑战。大语言模型需要复杂的算法和人类专业知识，以识别看似无害内容的潜在有害含义。

2. 明显有害性：直接对抗有害内容的形式

明显有害性指的是直接且明确的有害内容形式，如仇恨言论、攻击性语言和人身攻击。使用基于规则的或机器学习技术来检测这种类型的内容相对较容易，这些技术可以识别特定关键词、短语或模式。

然而，明显有害性也可能更为微妙，需要仔细考虑上下文和意图。例如，大语言模型可能生成技术上具有攻击性的内容，但它是出于讽刺或讥讽的目的。内容审查者需要能够区分真正的有害内容和创造性表达，或幽默的情况。

3. 内容审查的多方面方法

大语言模型中有效的内容审查需要结合技术能力、人类监督和持续评估的多方面的方法。相关方法如下。

- 技术进步。开发强大的算法和机器学习技术，可以识别隐性和明显形式的有害内容。
- 人类专家。将人类专业知识纳入内容审查过程中，提供对上下文的敏感判断并解决语言的细微差别。
- 持续评估。持续评估和完善内容审查策略，以适应不断发展的有害内容形式并确保有效性。

4. 有害内容的社会责任

解决大语言模型中的有害内容不仅是技术挑战，也是伦理和社会责任。开发者、组织和用户都在促进负责任的 AI 开发和部署中扮演着角色。开发者在设计和开发大语言模型时需要考虑伦理问题，纳入防止误用的保障措施并包含内容审查能力。组织需要在其内部实施负责任的 AI 政策和实践，包括大语言模型使用的明确指导方针和强大的内容审查程序。用户要意识到大语言模型生成的有害内容潜力，并通过适当渠道报告任何有害内容实例。

7.2.3　提示注入 / 防御

1. 提示注入

提示注入（prompt injection）是一种对抗性攻击，利用大语言模型处理提示的方式。在提示注入攻击中，攻击者恶意地构造提示以控制模型的输出。这可以通过如下方式完成。

- 在提示中包含恶意指令。攻击者可以直接将恶意指令插入提示中，例如访问敏感数据或执行恶意代码的命令。
- 利用模型的偏见。攻击者可以构造提示，利用模型的偏见生成有害或误导性输出。
- 操纵模型的状态。攻击者可以操纵模型的状态，如其内部记忆或参数，以影响其输出。

提示注入可能带来严重后果，因为它们可以用来达到如下目的。

- 窃取敏感信息。攻击者可以使用提示注入访问存储在模型数据中的敏感信息，或诱使用户透露个人信息。
- 生成有害内容。攻击者可以使用提示注入生成有害内容，如仇恨言论、假新闻或不实宣传。

- 干扰模型的运作。攻击者可以使用提示注入干扰模型的运作，如导致其崩溃或生成无意义的输出。

2. 防御提示注入

可以采用多种防御措施来保护大语言模型免受提示注入攻击。这些防御措施大致可分为如下两类。

- 输入消毒。输入消毒涉及在将提示传递给模型之前对其进行清洁和过滤。这可以通过移除恶意指令、检测并移除提示注入攻击的迹象，以及使用数据匿名化和加密等技术来完成。
- 模型训练。可以修改模型训练，使模型对提示注入攻击更具抵抗力。这可以通过使用对抗性训练、在训练期间纳入公平约束，以及采用数据增强和重新加权等技术来实现。

除了上述技术防御措施以外，还须实施组织和程序保护，如制定大语言模型使用的明确指导方针，培训员工识别和报告提示注入攻击，以及持续监控大语言模型的使用和性能，以便及时发现可能的提示注入攻击迹象。通过这些技术防御、组织保障和持续警惕的结合，可以有效保护大语言模型免受提示注入攻击，确保其安全且负责任地使用。

7.2.4　模型操纵

模型操纵是一种针对大语言模型的对抗性攻击方式，旨在利用其漏洞操纵输出结果。这可以通过多种方式实现，例如数据投毒、模型篡改和提示构建。数据投毒是将恶意数据注入训练数据集以影响模型行为，比如编造数据使模型学习错误的关联或生成有害输出。模型篡改则是直接修改模型的参数或架构以改变其行为，可通过访问模型的代码或数据存储系统并进行未经授权的更改来完成。提示构建涉及精心设计提示以控制模型的输出，可通过使用对抗性示例、语言技巧或了解模型内部工作原理等技术实现。

模型操纵可能带来严重后果，因为它可以用来生成欺骗性或有害内容，如假新闻、仇恨言论或宣传；降低模型性能，使其准确性、可靠性或有用性降低；控制模型行为，迫使其生成特定输出或执行与其既定目的不符的行为。

为保护大语言模型免受模型操纵攻击，有多种防御手段可用，大致可分为数据安全、模型鲁棒性和人工监督。数据安全措施保护用于训练和操作大语言模型的数据的完整性和真实性，包括访问控制、加密和数据监控等。模型鲁棒性技术使大语言模型更能抵抗对抗性攻击，包括对抗性训练、公平性约束和数据增强等技术。人工监督则涉及雇用人类专家监控和评估大语言模型的输出，以检测异常或恶意行为。

除了这些技术防御措施以外，实施组织和程序保障也很重要。组织应建立大语言模型开发和部署的明确指导方针，包括数据处理、模型训练和模型评估的程序；持续监控大语言模型的性能和使用模式，以检测可能表明模型操纵攻击的异常情况；鼓励负责任的大语言模型使用，教育用户了解模型操纵的潜在风险，并鼓励他们报告任何可疑活动。

7.2.5　可解释性和透明度

近来，随着大语言模型技术日益复杂，人们越来越关注其可解释性和透明度问题。随着大语言模型在决策过程中的深入融合，理解它们是如何得出结论的，确保它们的输出无偏见、公正，并与伦理原则一致，变得至关重要。

1. 提升可解释性的策略

研究人员和开发者正致力于提高大语言模型的可解释性。一些有前景的方法包括提供输入 / 输出之间关系的洞见、识别最影响模型输出的特定输入特征、生成与实际输出相似但在某些方面有所不同的替代输出来帮助用户理解不同因素的影响，以及让人类专家参与解释过程，提供自动化技术可能难以捕捉的情境洞见和解释。

2. 促进透明度

透明度不仅限于可解释性，它还涵盖了对开放沟通和负责任的 AI 实践的更广泛承诺。透明度的关键方面包括提供大语言模型开发过程、训练数据和预期用例的清晰文档，实施检测和报告大语言模型输出中的错误的机制以及清晰的处理程序，为用户提供理解大语言模型能力和局限的培训与资源，以及与用户、研究人员和政策制定者等利益相关者进行开放对话和合作，以解决问题并确保大语言模型的负责任开发和使用。

7.3 一般性解决方案

7.3.1 Responsible AI 在大语言模型应用开发中的应用

为了解决这些问题，开发和部署大语言模型应用程序应遵循透明度、问责性、公正性、人类控制以及隐私和安全等原则。这包括公开解释大语言模型的工作原理及其局限性和潜在偏见，为大语言模型应用程序的开发、部署和持续监控建立明确的责任线，避免在大语言模型应用程序中创造或延续偏见，保持对大语言模型应用程序的人类监督，确保其负责任和符合伦理地使用，以及实施强有力的措施来保护用户数据，确保隐私和安全。

7.3.2 在大语言模型中建立防护栏

为解决这些问题并确保大语言模型的负责任使用，我们需要建立明确的指导方针和界限，即所谓的"防护栏"。防护栏是一套原则、规则和机制，定义了大语言模型的可接受和不可接受行为。它们起到安全网的作用，防止大语言模型生成有害内容、延续偏见或侵犯隐私和保密性。

防护栏不仅仅是为了减轻风险，也是促进负责任 AI 开发和部署的重要手段。通过建立清晰的期望和界限，我们可以鼓励开发者创建符合伦理原则和社会价值观的大语言模型。这将导致更值得信赖和可靠的 AI 系统，有益于社会而不会造成伤害。

具体而言，防护栏可以通过以下方式实现来应对大语言模型带来的挑战：实施过滤措施以防止有害或不安全内容的生成；要求大语言模型提供其输出的解释，帮助用户理解生成文本背后的推理；将公平性约束纳入大语言模型算法，防止产生有偏见或歧视性的结果；建立访问控制机制和数据匿名化协议以保护敏感信息；定义大语言模型开发的伦理指导原则，确保这些模型从社会福祉的角度来考虑。

7.3.3 构建值得信赖的 AI 未来

从教育和医疗到娱乐和商业，大语言模型有潜力革新着我们生活的各个方面。然而，只有在我们确保负责任和符合伦理地使用这些强大的 AI 工具时,这种潜力才能得以充分实现。防护栏不是创新的障碍,而是构建一个值得信赖的 AI 未来的必要步骤,在这个未来中,大语言模型能够服务于人类,而不会造成伤害或延续社会偏见。

在继续开发和部署大语言模型的过程中,我们必须致力于建立和执行强有力的防护栏。这样做可以让我们在利用 AI 力量的同时能够确保它与我们的价值观和愿景保持一致,从而创造一个以 AI 为善的力量而非伤害源的世界。